ELO

T0159508

"Un excelente recurso para estudiantes secundarios y a enseñanza superior; este libro contiene un resumen excelente de los resultados generados por la investigación científica actual en referencia a las creencias religiosas. No es ni una defensa del ateísmo ni un ataque a la religión - es simplemente una explicación simplificada de lo que pasa en nuestros cerebros cuando creemos en cosas sobrenaturales, como la religión. Los autores exploran la evolución de los mecanismos religiosos proporcionando muchos ejemplos excelentes que apoyan estos estudios. Endorso completa y categóricamente este libro de bolsillo!"

-David Tamayo, Presidente Hispanic American Freethinkers

"Algunos estudiosos de religión argumentan que es inútil buscar una explicación naturalista de la religión. El Dr. J. Anderson Thomson demuestra, con gran lucidez y razonamiento ejemplar porque la religión puede ser considerada una mala adaptación que de otra manera serían características útiles de nuestra evolución biológica. Lejos de ser fútil, las teorías naturalistas son las rutas más satisfactorias para comprender el fenómeno humano que llamamos "religión". Recomiendo este libro especialmente a los estudiosos de religión que no estén familiarizados con algunos de los desarrollos más recientes de la psicología evolutiva".

-Dr. Héctor Avalos, Profesor de Estudios Religiosos, Iowa State University

"Alguna vez se preguntó porque la religión existe en todas las culturas humanas? Si quiere saber la respuesta, el libro "Porqué creemos en dioses" del Dr. J. Anderson Thomson, y Clare Aukofer es lectura obligatoria. Los autores logran describir la base científica de la predisposición psicológica que tenemos los seres humanos para crear y creer en dioses, de manera clara, concisa y al mismo tiempo muy informativa. Al terminar de leer el libro, le quedará claro que las creencias religiosas no son más que un subproducto de algunas adaptaciones que adquirieron los seres humanos durante la evolución de nuestra especie, que en el pasado otorgaron una ventaja de sobrevivencia, como por ejemplo la manera en que nuestra mente interpreta el mundo que nos rodea.

Todos los factores que contribuyeron al dominio que la religión ha ejercido por siempre sobre la humanidad están descritos en forma científica y detallada en este libro breve y ameno. Desde el afecto que sentimos por miembros de nuestra familia o por nuestro grupo, a la manera que interpretamos la intención o el propósito en un mundo inanimado que no tiene ni el uno ni el otro, hasta la neuroquímica. Un mejor entendimiento del comportamiento religioso en la especie humana es necesario en el mundo en que vivimos para prevenir la destrucción y la violencia que proviene de las religiones fundamentalistas. Este libro debería ser leído por todos los estudiantes, desde el que cursa la secundaria en adelante para estimular el pensamiento crítico, y por todas las personas que deseen combatir el dogmatismo religioso".

-Adriana Heguy, Memorial Sloan-Kettering Cancer Center • Programa de Patogénesis Humana y Oncología

"Un viaje estimulante e instructivo a través de la mente que todos poseemos, una mente preparada para creer. Andy Thomson y Clare Aukofer nos llevan por un viaje rápido de cómo el cerebro humano evolucionó en un mundo primitivo a cómo la religión aprovecha esas adaptaciones en el mundo moderno".

-**Todd Stiefel**, Presidente de la Fundación Freethought Stiefel

"¿Cómo genera el cerebro humano la creencia en un Dios invisible? Incitado por su estudio sobre el terrorismo suicida, el psiquiatra Andy Thomson y Clare Aukofer describen elegantemente muchas de las capacidades innatas del cerebro humano para explicar cómo podemos creer en un fenómeno desconocido: dios. La escritura es clara, justa, bien informada, perversamente inteligente y llena de hechos nuevos, hechos científicos, acerca de cómo funciona la mente. Este tema nos afecta a todos, desde los que esperan para pasar por la seguridad de los aeropuertos a los que viven en la tiranía religiosa. Conoce a tu vecino y ti mismo; Thomson y Aukofer nos han dado una lectura profunda".

-**Helen Fisher, PhD**, antropóloga biológica, Universidad de Rutgers

POR QUE CREEMOS EN DIOS (ES)
Una guía concisa de la Ciencia de la Fe

J. Anderson Thomson, Jr., MD
y Clare Aukofer
Prólogo por Richard Dawkins

PITCHSTONE PUBLISHING
Durham, North Carolina

Pitchstone Publishing
www.pitchstonepublishing.com

Traducido por Lorena Rios
Primera edición en español, Junio 2015
Impreso en los Estados Unidos de América

ISBN 13: 9781634310000

Crédito por la imagen en la portada del libro: NASA, NOAO, ESA, the
Hubble Helix Nebula Team, M. Meixner (STScI), and T. A. Rector (NRAO)

Placas interiors por William Ober

Para Jack,
Mi nieto,
Con la esperanza que crecerá en un mundo
más libre de destrucción religiosa

CONTENIDO

PLACAS

PROLOGO

En una de las ironías grandes de la historia, *El origen de las Especies* limita la discusión de la evolución humana a una profecía lacónica: "La luz será lanzada sobre el origen del hombre y su historia". Citado menos frecuentemente es el comienzo del mismo párrafo: "En un futuro lejano veo campos abiertos para investigaciones mucho más importantes. La psicología se basará en una nueva fundación". El Dr. Thomson es uno de los psicólogos evolutivos que actualmente está haciendo que los pronósticos de Darwin se hagan realidad, y este libro acerca de las guías evolutivas de la religiosidad habrían deleitado al hombre.

Aunque Darwin no fue religioso en su madurez, entendía el impulso religioso. Él era un benefactor de la iglesia de Down y caminaba con regularidad a su familia a ésta los domingos (y luego continuaba su caminata mientras ellos entraban). El había entrenado para ser clérigo; y la *Teología Natural* de William Paley era su lectura favorita de pregrado. Darwin descartó la respuesta de la teología natural completamente pero nunca dejo de preocuparle su función: la pregunta sobre la función. No es una sorpresa que él estaba intrigado con el propósito práctico de la religiosidad.

¿Por qué la mayoría de la gente y todos los pueblos tienen creencias religiosas? El "Por Qué" debe entenderse en el sentido funcional especial que nosotros, hoy en día aunque no el mismo Darwin, llamamos "darwiniano". ¿Cómo plantear la cuestión darwiniana en términos modernos? ¿Contribuye la religiosidad a la supervivencia de los genes que la promueven? Thomson es uno de los principales defensores de la escuela-pensamiento "subproducto": la religión misma no necesita valor de supervivencia; es un subproducto de las predisposiciones psicológicas que tiene. "La comida rápida" es un tema del libro: "si entiendes la psicología de la comida rápida, entiendes la psicología de la religión". El azúcar es otro ejemplo bueno. Era imposible para nuestros antepasados conseguir suficiente, por lo cual hemos heredado un apetito abierto e insaciable por ésta que ahora podemos satisfacer fácilmente dañando nuestra salud.

> *Estos deseos de comida rápida son un derivado. Y ahora se convertido en algo peligroso porque sin control, pueden conducir a problemas de salud que nuestros antepasados probablemente nunca enfrentaron. Lo que nos lleva de vuelta a la religión . . .*

Otro psicólogo líder evolutivo, Steven Pinker, explica nuestro amor por la música de una manera similar, como un "derivado". Así como un "pastel de queso auditivo, una exquisita confección hecha a mano para estimular los puntos sensibles de por lo menos seis de nuestras facultades mentales". Para Pinker, las facultades mentales estimuladas supernormalmente como un derivado de la música, se preocupan principalmente de los programas sofisticados del cerebro necesarios para extraer sonidos con significado (por ejemplo, el lenguaje) de un fondo caótico.

La teoría religiosa de Thomson de comida rápida hace más bien hincapié en las predisposiciones psicológicas que pueden ser llamadas sociales: "Los mecanismos de adaptación psicológicos que evolucionaron para ayudarnos a negociar nuestras relaciones con otras personas, para detectar la ac-tividad y la intención, y para generar una sensación de se-guridad. Estos mecanismos se forjaron en el mundo no tan distante de nuestra patria africana."

Los capítulos de Thomson identifican una serie de facultades mentales evolucionadas explotadas por la religión, cada una seductora y etiquetada con una línea familiar de las Escrituras o de la liturgia: "*Nuestro Pan Diario*", "*Líbranos del mal*", "*Hágase tu voluntad*"," *No Sea que Seas juzgado*". Existen algunas imágenes persuasivas:

Pensemos en un niño de dos años de edad extendiendo sus brazos para que lo recojan y lo abracen. Él extiende las manos sobre su cabeza y nos suplica. Pensemos ahora en el creyente pentecostal que habla en lenguas. Él extiende sus manos sobre su cabeza implorando a Dios con el mismo gesto de «recógeme y sostenme». Podemos perder las figuras humanas a las que estamos apegados porque se mueren, a través de malentendidos, a través de la distancia, pero un dios siempre está ahí para nosotros.

Para la mayoría de nosotros, el gesto de los brazos extendidos de los adoradores no parece más que una tontería. Después de leer a Thomson, lo verán a través de ojos más críticos: no sólo es ridículo sino que es infantil.

Luego está nuestro afán deliberado por detectar la intervención de un agente.

¿Por qué confundimos la sombra por un ladrón pero nunca un ladrón por una sombra? Si oyes un portazo, ¿por qué te preguntas quién lo hizo antes de considerar el viento como el culpable? ¿Por qué un niño que ve que soplar las ramas de un árbol a través de la ventana teme que el monstruo ha venido por él?

El dispositivo hiperactivo detector de organismos se desarrolló en el cerebro de nuestros antepasados salvajes debido a un riesgo de asimetría. Es más probable estadísticamente que el susurro de la hierba larga sea causado por el viento que por un leopardo. Pero el costo de un error es más alto en uno que en el otro. Los organismos, al igual que los leopardos y los ladrones pueden matar. Es mejor escoger la suposición estadísticamente improbable. (Darwin mismo contaba una anécdota acerca de cómo su perro respondía a una sombrilla agitada por el viento). Thomson prosigue con la idea -hipersensibilidad a los agentes donde no los hay- y nos da su explicación elegante de otra de las parcialidades psicológicas en que se basa la religiosidad. Nuestra preocupación darwiniana con el parentesco es otra. Por ejemplo, en la tradición católica romana,

Las monjas son "hermanas" o incluso "madres superioras," los sacerdotes son "padres", los monjes son "hermanos", el Papa es el "Santo Padre", y la religión en sí se conoce como la "Santa Madre Iglesia".

El doctor Thomson ha hecho un estudio especial de los suicidios terroristas y señala cómo la psicología basada en el parentesco lo explota a través de la contratación y entrenamiento:

Los reclutadores carismáticos y los entrenadores crean células de parentesco ficticio, pseudo-hermanos indignados por el tratamiento de sus hermanos y hermanas musulmanas y separadas de parientes verdaderos. La atracción a tal tipo de martirio no es sólo la fantasía sexual de múltiples vírgenes celestiales, sino la oportunidad de darles entrada al paraíso a parientes escogidos.

Uno por uno, los otros componentes de la religión -la comunidad devota, la obediencia a la autoridad sacerdotal, el ritual- reciben el tratamiento de Thomson. Cada punto que hace tiene aires de verdad, apoyado por un estilo nítido e imágenes vívidas. Andy Thomson es un profesor extraordinariamente persuasivo y brilla a través de su escritura. Este libro de bolsillo, será una lectura rápida y recordada por mucho tiempo.

—Richard Dawkins

PREFACIO

Primero que todo quiero agradecer al Dr. Thomson por haberme dado la oportunidad de traducir este libro de bolsillo tan necesario entre los parlantes del español, no solo en Los Estados Unidos, sino alrededor del mundo. Considero que es necesario, pues aunque sabemos que ya existen algunos libros de autores conocidos traducidos al Castellano, la ventaja de *Por qué creemos en dios (es)* es que es extremadamente fácil de leer y entender; también nos presenta evidencia para crear una base sólida para como desarrollar nuestras habilidades de pensamiento básico crítico y así poder expandir progresivamente nuestro conocimiento para refutar la existencia de seres supernaturales.

Durante los últimos veinte años, las neurociencia y la psicología han trabajado arduamente para ofrecer una explicación plausible y natural de como nuestras mentes originaron la creencia religiosa y como nuestro cerebro no solo tiende a creer en éstas sino que también las propaga.

Con *Por qué creemos en dios (es)* podemos hacer un recorrido lógico desde que el hombre empezó a creer en dios (es) y seres supernaturales y como el utilizar esa creencia religiosa nos sirvió como una herramienta de sobrevivencia en la prehistoria. El sistema de emparejamiento, afecto o apego es un mecanismo poderoso presente en nuestro progreso, y como todo lo que evoluciona, trata de asegurar que la especie sobreviva, que no se extinga.

Leer este libro nos permite llegar a una conclusión educada sobre nuestra religiosidad sin tener que atribuir nuestra existencia a ser(es) sobrenatural(es). Por ejemplo, en la comunidad Hispana de los Estados Unidos es común y bien documentado cuán importante es el núcleo familiar (sistema de apego). El extenso grado de religiosidad dentro de nuestra comunidad se puede correlacionar directamente con este sentimiento de grupo. Este libro de bolsillo del Dr. Thomson nos da la opción de entender este proceso básico del punto de vista científico. El que la comunidad científica no pueda contestar el 100% de las preguntas sobre nuestro origen hasta el momento no es razón para atribuirlo a seres divinos y celestiales. Tampoco es la razón para llenar los "espacios en blanco" de nuestro origen con explicaciones esotéricas. Si entendemos la hipótesis sobre un ser divino podemos dar respuestas más racionales basadas en la evidencia científica que existe hasta el momento.

Sugiero que este libro esté disponible para todos los estudiantes secundarios, universitarios y vocacionales al igual que la biblia. Es lógico asumir que el lavado de cerebro que las escuelas religiosas les hacen a los estudiantes es mucho más efectivo cuando no hay antídoto alguno para contrarrestar sus efectos. Algunos niños son más afectados que otros; en mi caso, soy el producto de una escuela católica de niñas y aunque el lavado cerebral religioso nunca pudo retorcer mi mente, me hubiese encantado tener un libro como *Por qué creemos en dios (es)* a mi alcance. Definitivamente me hubiese ayudado a entender que el pensar críticamente es a lo que todos debemos aspirar.

Este libro de bolsillo es para todos ustedes y es fácil de leer, tanto por un estudiante como por un padre que siente dudas sobre la religión; o por cualquiera que está inquieto porque su creencia en un amigo(s) imaginario(s) y seres supernaturales se debilita día a día; o si te sientes culpable porque la religión ya no llena tu vida completamente y te preocupa la reacción de tu familia cuando descubran que ya la religiosidad no es el denominador común que los une.

Incentivar el pensamiento crítico en la comunidad Latina no solo ayudará a disminuir el poder que la religión ejerce sobre ésta, sino que potencialmente puede crear generaciones futuras más receptivas a considerar la ciencia como una fuente de respuestas sobre nuestro mundo en vez de atribuir lo que no sabemos a amigos imaginarios. Los latinos necesitamos ser más escépticos y laicos. La buena noticia es que si nos educamos y leemos libros como éste podemos revertir nuestro estado presente. No tenemos que continuar creyendo sin evidencia si los hechos nos muestran lo opuesto. *Por qué creemos en dios (es)* hace exactamente eso. Nos ofrece una explicación científica acerca de nuestra religiosidad. Les garantizo que una vez que comiencen a leerlo no podrán dejarlo de lado. Disfrútenlo y feliz lectura a todos.

—Lorena Rios

PREFACIO

Este libro surgió como un eco al 11 de Septiembre. Mi hijo Matthew estaba entrenando para un trabajo nuevo en un edificio al lado del "World Trade Center"; él fue testigo en primera instancia de esta pesadilla. Mi respuesta a su roce con la muerte fue estudiar el terrorismo suicida. Estoy familiarizado con la destructividad humana. Mi profesión como psiquiatra forense me permite un contacto en profundidad con hombres violentos. Durante muchos años fui parte del Centro del Estudio de la Mente y de interacción humana en la Universidad de Virginia; un grupo interdisciplinario único de profesionales, diplomáticos e historiadores de la salud mental fundado por el psiquiatra Vamık Volkan que viajó a zonas calientes por todo el mundo para estudiar y mediar en los conflictos intensos. Pero a pesar de mi trabajo profesional y la experiencia con las sociedades traumatizadas, en el curso de mi estudio del terrorismo suicida, he descubierto un mundo en gran parte nuevo y en continua expansión de ideas y pruebas de la mente humana, específicamente en lo que se refiere a la religión. Los libros y artículos que se utilizaron fueron académicos, algunos más accesibles que otros. Descubrí que no había ni una sola fuente que expusiera estas ideas nuevas y emocionantes en forma fácilmente accesible para un lector interesado. Esto es lo que yo he tratado de hacer aquí. La religión nunca tuvo mucho sentido para mí pero como la mayoría de hijos obedientes, me uní a las creencias de mis mayores. Si les parecía bien a ellos, gente que yo admiraba y respetaba que sabían sobre el mundo y la vida, entonces lo mejor era unirse a la procesión. Aunque yo decía que creía, tenía poca convicción emocional en las creencias. Cantar con mis amigos en el coro los miércoles por la noche y los domingos por la mañana era siempre agradable. Aunque los himnos presbiterianos que usábamos parecían una colección de cantos fúnebres, la música religiosa puede ser espectacular. El Mesías de Haendel me mueve hasta este día. Mi formación como psiquiatra de orientación psicoanalítica me expuso a *"El porvenir de una ilusión"* de Sigmund Freud, y Freud ciertamente contribuyo a nuestro entendimiento de por qué las mentes humanas generan las creencias religiosas. Sin embargo, esto está lejos de ser una explicación completa. Ya inmerso en la nueva disciplina de psicología evolutiva, en mi investigación sobre el terrorismo suicida, encontré el trabajo de los académicos tales como Scott Atran, Jesse Bering, Pascal Boyer, Guthrie Stuart, Sosis Richard y Lee Kirkpatrick, como una revelación. Ellos habían descubierto lo que era la religión -o estaban muy cerca de hacerlo. El trabajo de ellos aumentó el conocimiento de mi análisis de enfoque triple de los bombarderos suicidas. Una formulación escueta y básica del terrorismo suicida, apoyada por la evidencia dice lo siguiente: una coalición de hombres unidos por la violencia con incursiones letales en contra de inocentes, es tan antiguo como nuestra especie, quizás más antiguo. Esa capacidad está implantada en todos los hombres. El potencial para el suicidio reside en todos nosotros tanto hombres como mujeres. La evidencia sugiere dos tipos de suicidas potenciales evolucionados: el de valor inclusivo negativo y el de negociación con represalias. El primero surge de un sentido de agobio y anima a las mujeres bombarderas suicidas, como las viudas o marginadas. El segundo caracteriza a los hombres bombarderos suicidas y se origina en las posiciones de humillación e impotencia. Como la religión es una construcción cultural, un producto de las mentes humanas, muchas de las adaptaciones cognitivas evolucionadas que generan las creencias religiosas pueden ser aprovechadas para motivar a los terroristas suicidas. Esto hace que la religión sea una ideología sorprendentemente poderosa que puede secuestrar simultáneamente las capacidades desarrolladas para las redadas mortales y el suicidio; todo encaja. La publicación de ese análisis, con la ayuda de Clara Aukofer, y la presentación de mi formulación del suicidio-terrorismo, mantuvieron mi foco en la religión.

Las respuestas de los críticos y el público expandieron mis ideas.

A principios del 2009 había combinado mi investigación y había desarrollado una presentación de una hora para explicar por qué creemos en dios (es). Gracias a Richard Dawkins y a su fundación, La Fundación para la Razón y la Ciencia de Richard Dawkins, la presentación fue filmada magníficamente, editada y publicada en YouTube, donde atrajo cientos de miles de visitantes en un tiempo corto. Ese nivel de interés me demostró que había gran interés en una guía breve, clara y concisa de la ciencia nueva de la religión y eso se convirtió en la génesis de este libro. Clara Aukofer trabajo su magia en mi prosa, siempre dando extensiones y ejemplos de valor incalculable para muchas de las ideas y tuvo la idea genial de utilizar la impresionante imagen de la nébula Helix de NASA, el tal llamado Ojo de dios, fotografiado en parte con el telescopio Hubble. Todos los autores deberían ser honrados con un colega así.

Mi objetivo es hacer que el lector se ponga rápidamente al tanto. En el tiempo breve que necesitas para leer este libro pequeño, deberías ser capaz de entender cómo la mente y el cerebro trabajan para generar y mantener la creencia religiosa. (Y si tienes preguntas, recibiré con agrado tu correspondencia).

Termina el libro, consúltalo con frecuencia, dáselo a un amigo. Dónalo a una biblioteca o escuela. Ahora sabemos por qué y cómo nuestra mente fabrica y difunde las creencias en dios (es) y nuevas investigaciones continúan acrecentando lo que sabemos. Este conocimiento nos puede liberar.

Cualquier cosa que podamos hacer, no importa cuán pequeña, para aflojar la garra de la religión fundamentalista sobre a la humanidad, da un golpe a favor de la civilización y aumenta las posibilidades de una sociedad verdaderamente civil y global, tal vez incluso para la sobrevivencia de nuestra especie a largo plazo. Si eres religioso, y has elegido este libro, es probablemente por una razón. Así que sigue leyendo.

—J. Anderson Thomson, Jr., MD

AGRADECIMIENTOS

Richard Dawkins merece un agradecimiento especial por el prólogo gentil de este libro, por su trabajo, y por darme la oportunidad de servir como un administrador de La Fundación para la Razón y la Ciencia de Richard Dawkins. El conocerlo y el trabajar con su fundación ha sido un privilegio inconmensurable; una porción de las regalías de la venta de este libro son donadas a la fundación. Si adquiriste este libro, hiciste una donación a la fundación. Gracias. Siempre estaré profundamente agradecido a Robin Elisabeth Cornwell, directora ejecutiva de La Fundación para la Razón y la Ciencia de Richard Dawkins. Ella ha sido una gran amiga y colega en este trabajo. Ella escrutó cuidadosamente las versiones anteriores de este libro y me proveyó oportunidades sin precedente para presentar mis ideas a audiencias en todo el país.

Mis compañeros administradores de la Fundación, Greg Langer y Todd Stiefel, revisaron las versiones iniciales del manuscrito y han sido grandes defensores de este esfuerzo.

Nuestro editor, Kurt Volkan, merece elogios por su entusiasmo desde el primer momento que empezamos nuestra colaboración, su guía y redacción sensata durante todo el proceso. Willis Spaulding me abrió las puertas a la psicología evolutiva con su regalo "El Animal Moral" de Robert Wright. Su hijo Tristán hizo una crítica muy valiosa al primer borrador de este libro.

Scott Atran, Justin Barrett, Jesse Bering, Paul Bloom, Pascal Boyer, Guthrie Stewart, Kirkpatrick Lee y Richard Sosis se destacan entre los investigadores que han detectado la arquitectura cognitiva de la religión.

Paul Andrews, Martin Brune, David Buss, Joe Carroll, Leda Cosmides, Martin Daly, Robin Dunbar, Josh Duntley, Anne Eisen, AJ Figueredo, Helen Fisher, Russ Gardner, Edward Hagen, Sarah Hrdy, Owen Jones, Rob Kurzban, Geoffrey Miller, Randy Nesse, Craig Palmer, Steven Pinker, John Richer, Nancy Segal, Todd Shackelford, Wulf Schiefenhovel, Frank Sulloway, Randy Thornhill, Juan Tooby, Paul Watson, Carol y Glenn Weisfeld, Andreas Wilke, y todos aquellos involucrados en la psicología evolutiva y la etología humana han enriquecido mi pensamiento más allá de lo esperado por medio de sus escrituras y mis conversaciones con ellos cada año en la reunión anual de la Sociedad de Evolución y Comportamiento Humano y las reuniones bianuales de la Sociedad Internacional de Etología Humana. Se me escapaban Linda Mealey, John Pearce, y Margo Wilson, quienes con gusto dieron la bienvenida a un neófito y quienes ya no están entre nosotros.

Aunque estará en desacuerdo conmigo en algunos de los puntos de vista de este libro, estoy muy agradecido a mi colega Jonathan Haidt de la Universidad de Virginia, quien guió mis pensamientos sobre la moralidad de la psicología. Muchos de mis amigos y colegas psiquiatras han ayudado con artículos o desafiando mi pensamiento sobre la religión, especialmente Salman Akhtar, Brenner Ira, y Bruce Greyson. Salman y la Fundación Margaret Mahler me invitaron a presentar en el Simposio anual de Mahler en Filadelfia y el capítulo en el volumen de esos documentos es la primera vez que mi esfuerzo en sintetizar el subproducto de la teoría de la religión se imprime. Mi mentor Vamik Volkan me dio la oportunidad de trabajar en su centro único en la Universidad de Virginia, un trabajo que me llevó a sociedades traumatizadas y plagadas por conflictos en todo el mundo. El también coeditó un volumen sobre el terrorismo que incluía mi primer artículo con mi formulación del terrorismo suicida.

Hawes Spencer, editor de El Gancho, en Charlottesville, Virginia, publicó mi artículo sobre el terrorismo suicida para la audiencia general. La sección que Clara Aukofer y Rosalind Warfield-Brown mejoraron, generó controversia debido a las ideas sobre la religión que también encuentras en este libro.

Jim Simmonds me proporcionó libros y artículos importantes. Miles Townsend cuestiona todo, gracias a dios (es). Russ Federman, el autor principal con quien escribí un libro para jóvenes bipolares, me dio la confianza para hacer este libro. June Cleveland, mi insustituible secretaria forense digitó el primer borrador de este libro. William "Bill" Ober, mi compañero de la escuela de medicina, ha sido una enciclopedia de biología e ilustrador médico extraordinario desde que lo conocí. Sus dibujos ayudarán al lector a ver cómo la religión se origina en nuestros cerebros.

Richard Potts, director de Programa de los Orígenes Humanos en el Museo Nacional de Historia Natural del Smithsonian Institute en Washington, DC, revisó el resumen del libro de la evolución humana. Si aún no has visitado la sala magnífica del museo de los Orígenes Humanos, hazlo pronto.

Michael Persinger amablemente reviso mi resumen de su brillante trabajo con el "Casco de dios".

Amanda Metskas y August Brunsman le dieron una crítica útil y rica al borrador final.

Los Ateos Americanos, la Alianza Internacional de Ateos, Ateos y Agnósticos de Virginia, Ateos de la ciudad de New York City, Ateos Unidos de Los Ángeles, el Hospital estatal occidental en Staunton, Virginia y la Alianza de Estudiantes Seculares de la Universidad de George Washington, la Universidad George Mason, y la universidad Carnegie Mellon han escuchado presentaciones de este material. Valoro todas esas oportunidades, sus preguntas y sugerencias.

Ayaan Hirsi Ali y los Cuatro Jinetes -Richard Dawkins,

Daniel Dennett, Sam Harris y Christopher Hitchens - ocupan un lugar especial en mi corazón por sus escritos, sus debates con creyentes, y su feroz valentía, cuando no le dan un pase libre y diplomático a la religión y a sus defensores.

Este trabajo ha sido una labor de amor, amor por la ciencia y admiración por los científicos que hacen modelos de los mecanismos de la mente donde se hace la religión. Si he logrado hacer brillar sus ideas para ustedes, den las gracias. Donde haya errores, corríjanme.

A. CEREBRO HUMANO, VISTA LATERAL

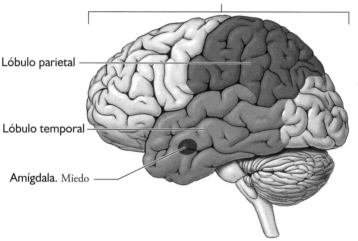

La corteza lateral.
La percepción del cuerpo de uno mismo y los demás.
Los atributos físicos

Lóbulo parietal

Lóbulo temporal

Amígdala. Miedo

B. CEREBRO HUMANO, VISTA MEDIA SAGITAL

Corteza frontal medial. La percepción de uno mismo y emociones de los demás, deseos, creencias e intenciones.

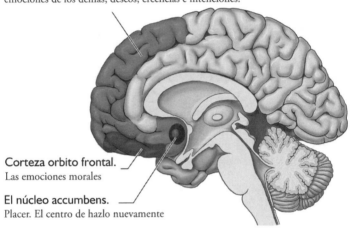

Corteza orbito frontal.
Las emociones morales

El núcleo accumbens.
Placer. El centro de hazlo nuevamente

I

EN EL PRINCIPIO ERA EL VERBO
Nuestra tendencia a creer

No es la especie más fuerte la que sobrevive, ni la más inteligente. . . . Es la que es más adaptable a cambios.
-Charles Darwin

Hay quienes dicen que la evolución choca con la fe, o que las maravillas naturales de la evolución comenzaron por una especie de ser consciente y omnisciente. Aun si un dios todopoderoso que todo lo ve existe, incluyó en el diseño de la creación y la evolución del hombre algo poderoso: la propensión a creer en un dios.

A lo largo de la historia, desde los antiguos egipcios a los aztecas, a los romanos y más allá -de los politeístas, cristianos, judíos, musulmanes, hindúes, budistas, paganos, satanistas, cienciólogos- todas las culturas conocidas han girado en torno a un concepto de por lo menos un dios y/o una figura mística central, con o sin un mundo sobrenatural correspondiente.

¿Por qué? ¿Por qué es la religión un rasgo aparentemente universal de los seres humanos y de las culturas que creamos?

Estamos empezando a comprender. En las dos últimas décadas ha habido una revolución en la psicología y en las neurociencias cognitivas. De esto ha salido una explicación evolutiva de por qué las mentes humanas generan creencias religiosas, por qué generamos determinados tipos de creencias, y por qué nuestras mentes son propensas a aceptarlas y a propagarlas.

Ahora tenemos teorías sólidas con evidencia empírica, incluyendo pruebas de los estudios de imágenes -fotos del cerebro mismo- que apoyan estas explicaciones. Las piezas están en su lugar, ahora podemos buscar en la ciencia un entendimiento integral de por qué las mentes humanas producen y aceptan ideas religiosas y por qué los humanos alteran su comportamiento, por qué mueren y matan por estas ideas.

La teoría de Charles Darwin de la selección natural sigue siendo una de las ideas más importantes que cualquier vez se le haya ocurrido a una mente humana, y la evidencia le da la razón. La selección natural es la única explicación científica viable de la variedad y diseño de toda vida vegetal, animal, y de todas las otras formas en este planeta. También es la única explicación viable del diseño y función de la mente humana, que es la verdadera cuna de los dioses.

Mira a tu alrededor, todos somos de la misma especie *Homo Sapiens*. Sin embargo, venimos en todas las formas y tamaños y con distintas capacidades. Pero a pesar de la variedad, muchos rasgos son hereditarios. Nuestra tendencia es parecernos a nuestros padres y parientes cercanos, compartiendo puntos fuertes y debilidades con nuestros antepasados. Todos somos descendientes del éxito.

El término "sobrevivencia del más fuerte" es a menudo mal entendido. En el sentido darwiniano, la habilidad física es la capacidad para adaptarse, para sobrevivir y prosperar reproduciéndose. La lucha por la sobrevivencia deja fuera los organismos que carecen de esa capacidad.

Por supuesto, Darwin no tenía la ventaja de saber precisamente cómo los rasgos pasan de una generación a la siguiente. Eso tuvo que esperar hasta 1953, cuando James Watson y Francis Crick descifraron la estructura del ADN y al hacerlo vieron instantáneamente su mecanismo de copia posible e identificaron el método de la herencia.

Combinando Darwin con Watson y Crick, la selección natural con la genética, se crea la síntesis darwiniana moderna. Para sobrevivir nos adaptamos a través del tiempo evolutivo así como las Criaturas de Galápagos de Darwin se adaptaron a sus entornos únicos. En ningún otro lugar las iguanas viven en el océano, la solución obvia al problema de encontrar alimento y sobrevivir en una pequeña isla. Incluso de una isla a otra, cada una con su propio ecosistema aislado, las criaturas de las Galápagos enfrentaron problemas levemente diferentes y los resolvieron de forma diferente. Se adaptaron. Pero lo más importantes es que procedieron a transmitir esas adaptaciones.

Cada organismo, incluyendo el humano, es una

colección integrada de adaptaciones -aparatos para resolver problemas- moldeado por la selección natural sobre las vastas extensiones de tiempo evolutivo. Cada adaptación promueve de alguna manera específica la supervivencia de los genes que dirigieron la construcción de esas adaptaciones.

En cada nivel, desde las moléculas a las mentes, vemos como trabaja la selección natural darwiniana.

Mírate a ti mismo; para sobrevivir necesitas oxígeno. Como un organismo en desarrollo, tuviste que desarrollar una manera eficiente de extraer el oxígeno del aire y distribuirlo en todo el cuerpo.

La estructura de tu corazón resuelve el problema de sobrevivencia bombeando sangre. La proteína hemoglobina resuelve el problema del transporte de oxígeno al cerebro y a otros órganos. El oxígeno en la hemoglobina bombeada por el corazón viene de los pulmones lo que resuelve el problema de la extracción del oxígeno del aire, etc. Todo este proceso simplemente lo llamamos «respiración».

Esta síntesis moderna se aplica también a la mente y al cerebro humano. El cerebro es un órgano y como lo señala el psicologo e investigador de Harvard, Steven Pinker, la mente es lo que el cerebro hace. Y el cerebro como cualquier otra parte de tejido vivo, es una colección integrada elegantemente de dispositivos diseñados mediante la selección natural para resolver problemas específicos de sobrevivencia sobre vastas extensiones de tiempo evolutivo. Estas adaptaciones, incluyendo las adaptaciones sociales que nos ayudaron a sobrevivir en grupos pequeños, evolucionaron en el cerebro para promover de alguna forma la continuidad de los genes que dirigieron su construcción.

Cuando miras una cara, la imagen en tu retina de hecho está al revés y es de dos dimensiones. Tu cerebro convierte esa imagen en una cara, una posición vertical tridimensional utilizando una miríada de adaptaciones visuales: detectores de color, detectores de movimiento, detectores de forma, detectores de bordes -todos trabajando simbióticamente, en silencio, y sin esfuerzo.

Nuestros antepasados desarrollaron una gran cantidad de adaptaciones sociales igualmente complejas. Cuando ves una cara también haces juicios abstractos sobre sexo, edad, atracción, categoría, estado emocional, personalidad y el contenido de la mente oculta de ese individuo incluyendo intenciones, creencias y deseos. Estas adaptaciones de juicio-formacion están en gran parte fuera de la conciencia, muchas inconscientes para siempre. Tus juicios instantáneos han venido fabricándose por millones de años.

La mente-cerebro es incesantemente compleja. Piensa en la nave espacial Apolo, un conjunto repleto de dispositivos de ingeniería, cada uno dedicado al análisis de un flujo constante de información y para resolver un problema particular, todo esto mientras los astronautas están alertas y conscientes de sólo unos pocos. Nosotros trabajamos de la misma manera. Considera todas las cosas de las que estás consciente, son una muy pequeña parte de todo un sistema, la punta del iceberg de lo que pasa por tu mente.

Esto es importante para entender porque la religión, aunque no una adaptación en sí misma, se deriva de la misma adaptación social mente-cerebro que utilizamos para navegar el mar de gente que nos rodea. Estas adaptaciones se formaron específicamente para resolver problemas sociales e interpersonales mientras la humanidad evolucionaba. Casi incidentalmente, pero no por eso menos poderosos, se reúnen para construir la base de cada idea religiosa, creencia y ritual. Las creencias religiosas son conceptos de supervivencia básica social y humana con alteraciones ligeras.

El que la religión sea un derivado de adaptaciones que ocurrieron por otras razones, no niega su increíble poder. Como explicaremos en el capítulo 9, la lectura y la escritura no son en sí mismas adaptaciones, sino que también se derivan de adaptaciones diseñadas para otros fines.

Todas las religiones, como conjuntos de creencias sobre la causa, la naturaleza y propósito del universo, comienzan con la creencia en una o más figuras sagradas centrales o de maestros. La mayoría también involucra a una deidad o deidades capaces de interactuar con nosotros, capaces y dispuestas a intervenir en nuestras vidas, de escuchar nuestros deseos silenciosos y de concederlos, capaces de hacer literalmente cualquier cosa. Para nuestros propósitos discutiremos solo uno y lo designaremos como hombre, aunque algunas religiones tienen múltiples con diferentes facultades y algunos han colado personalidades femeninas. Sin embargo, todos ellos son muy similares. Ciertamente el dios de las tres religiones abrahámicas principales es el mismo, así que usaremos «él» para nuestros ejemplos.

Ese dios es paternal y como un buen padre nos ama incondicionalmente. Generalmente, él escucha nuestras oraciones solo si lo adoramos arduamente, si hacemos sacrificios de algún tipo, si reconocemos que somos muy imperfectos y le agradecemos efusivamente (nos conceda o no nuestros deseos), y si creemos que todos somos malos desde que nacemos. Este dios toma las decisiones no solo sobre nuestras oraciones, sino también sobre las oraciones de todos los otros seres humanos, o por lo menos cada otro ser humano que comparte los detalles de nuestras creencias. Aun cuando nos niega nuestros deseos o necesidades, seguimos creyendo que todo lo que ocurre es en nuestro mejor interés, incluso aun cuando no lo parece de esa manera, y que ese dios invisible tiene un propósito para todo. Todo esto entra en nuestra mente, incluso cuando no estamos pensando en ello.

Si cuando eras un adolescente tu madre hubiese planeado una cita a ciegas y te hubiese asegurado que la otra persona era extraordinariamente guapa, rico más allá de lo imaginable, amable, cariñosa, dispuesta a hacer cualquier cosa por ti a pesar de que nunca te hubiese conocido y que quería nada más que lo mejor para ti, ¿lo hubieses creído?

Tal vez por un par de minutos, cuando eras adolescente. ¿Entonces por qué estamos tan dispuestos a creer en un dios invisible que hace todo eso y mucho más?

En comparación con lo que realmente sucede en nuestras mentes, el concepto de una entidad sobrenatural sagrada parece fácil. Para solo creer en un dios, nuestra mente rebota no menos de veinte adaptaciones de redes evolucionadas y desarrolladas durante eones de selección natural para ayudarnos a coexistir y a comunicarnos con nuestros compañeros Homo sapiens, y para sobrevivir y dominar el planeta. En las páginas siguientes, te mostraremos exactamente cómo y por qué las mentes humanas no sólo aceptan lo imposible sino que también han creado cultos por lo mismo.

Te mostraremos cómo y por qué los humanos, entre muchas cosas, llegaron a creen en un dios, amar a un dios, temer a un dios, someterse a un dios, visualizar un dios igual que nosotros, rezarle a un dios y asumir que las oraciones serían contestadas, a crear rituales para adorar a un dios e incluso morir y matar por un dios. Y te mostraremos por qué estos rasgos sociales programados hacen muy difícil abandonar estas creencias, incluso aun cuando así lo deseas.

Iniciemos con un curso intensivo en evolución.

2

EN LA IMAGEN Y SEMEJANZA
Evolución 101

Reconocer un error es bueno y a veces hasta mejor que establecer una nueva verdad o hecho.
-Charles Darwin

Somos simios erguidos, no ángeles caídos y ahora tenemos la evidencia para probarlo. Nuestra vanidad hace que sea difícil aceptarlo, y aquellos que creen en la creación divina encuentran el concepto escandaloso. La simple contemplación que la humanidad pudo haberse desarrollado de animales "inferiores" ha hecho que muchos rechacen absolutamente la evolución desde el momento en que Charles Darwin promulgó su teoría. Pero la evidencia abrumadora muestra que hemos evolucionado juntos con todos los demás seres vivos desde el fango primordial, que es donde realmente comenzó la vida en la Tierra.

A lo largo del lado este del continente africano, el Gran

Valle del Rift se extiende desde Etiopía a Mozambique. Piensa en este valle como el canal del parto de la especie humana, el verdadero Jardín del Edén. Aquí es donde nuestras especies en particular comenzaron su ruta evolutiva única.

Nosotros no descendemos de los monos. Desde un punto de vista puramente científico somos primates: compartimos 98,6% de nuestro ADN con los chimpancés. También compartimos con ellos un ancestro en común que vivió alrededor de 5 a 7 millones de años atrás. A partir de ese antepasado común, la línea humana se separó y se desarrolló a lo largo de muchos caminos diferentes como las ramas variadas de un arbusto. Al final, todas menos una de la cual tú y yo evolucionamos, se extinguieron.

Somos el último ejemplo sobreviviente de un simio específico de África, el homínido. Tan evolutivamente reciéntemente como 50.000 años atrás puede que haya habido cuatro especies estrechamente relacionadas pero de distintos homínidos compartiendo el planeta con nosotros; sólo nosotros sobrevivimos entre los homínidos.

Hemos conocido hasta ahora a muchos de nuestros ancestros. Tenemos los fósiles de Ardipithecus, probablemente una de las especies más cercanas al antepasado lejano que compartimos con los chimpancés. Parecen haber sido una especie unida en pareja con niveles bajos de agresión.

El Australopitecos, es decir el mono del sur de África, es el más conocido a través de su fósil más famoso, Lucy, encontrado en Etiopía hace casi cuarenta años. Los fósiles de Paranthropus (que significa "al lado del humano") encontrados en el sur de África en 1938 y 1948 muestran que tenían un cerebro aproximadamente 40 por ciento del tamaño del nuestro; probablemente se extinguieron porque no pudieron adaptarse a los cambios del medio ambiente y la dieta.

En 2008, un niño de nueve años de edad hijo de un paleontólogo, descubrió el cráneo de un niño de nueve años considerablemente más adulto en África. Este cráneo, también de un homínido desde que fueron denominados Australopitecos Sediba, tal vez puede proporcionar nuevos vínculos entre los australopitecos y nosotros.

Estas especies junto con nuestros antepasados homínidos más tempranos, coexistieron en África por cerca de 2 millones de años, sobreviviendo en forma desconcertante, por más tiempo del que hemos existido nosotros hasta ahora.

Nuestro grupo, Homo, aparece en el registro fósil de hace unos dos millón de años atrás e incluye el Homo habilis, Homo erectus y el Homo heidelbergensis. El Homo Erectus logró salir de África, probablemente sin el lenguaje, más de un millón de años atrás, migrando tan lejanamente como las montañas del Cáucaso, China e Indonesia.

Parece que algunos miembros de Homo heidelbergensis dieron lugar a los Neandertales después de emigrar a Europa; los últimos datos de secuenciación de ADN sugieren que hubo alguna hibridación entre nuestros antepasados Homo sapiens y Los Neandertales. Los Homo heidelbergensis que se quedaron en África, en última instancia, dieron lugar a los primeros Homo sapiens anatómicamente modernos.

Los primeros fósiles reconocidos del Homo sapiens se remontan a casi 200.000 años atrás. Hay evidencia de habilidades simbólicas, tales como pigmentos utilizados potencialmente en la pintura, y también hay pruebas de intercambio y comercio a larga distancia entre los grupos, lo cual requería un medio de comunicación simbólica y sofisticada. Parece factible que los miembros conocidos más antiguos de nuestra especie tenían probablemente la característica cognitiva, social y de comportamiento más significativa específica a la especie: la capacidad para el lenguaje.

Tú y yo Homo sapiens modernos, con nuestra capacidad para el lenguaje, comenzamos a salir de África 60.000 años atrás, el equivalente a un parpadeo en tiempo evolutivo.

Dejando de lado nuestras diferencias étnicas, raciales, ideas religiosas y nacionalistas, todos somos africanos bajo nuestra piel; los hijos y las hijas de un pequeño grupo de cazadores-recolectores que surgió en África sobrevivimos a todas las otras especies y conquistamos el mundo.

Lo que es aún más sorprendente es que una variación de las condiciones del clima entre 70.000 y 100.000 años atrás, aparentemente redujo nuestra población a quizás tan sólo 600 individuos reproductores; eso es lo que la genética moderna nos dice hoy en día. Eso significa que cada uno de los 7 mil millones de personas en este planeta es un descendiente de aquel grupo pequeño de cazadores-recolectores que vivió en África y que sobrevivió los cambios severos de clima.

¿Por qué nosotros? ¿Cómo y por qué sobrevivimos? Cuando comparamos los cráneos de los Australopitecos, Homo erectus y los humanos modernos, muestran una transformación gradual en el área encima de los ojos, la frente pierde su pendiente y se redondea. El tamaño del cerebro de 400 a 500 centímetros cúbicos del Australopitecos se duplica en el Homo Erectus y casi se triplica durante la época del Homo sapiens moderno. Este cambio es particularmente notable en las regiones del lóbulo frontal. Estas son las áreas de nuestro cerebro que contienen la maquinaria compleja, las adaptaciones evolucionadas que nos permiten negociar nuestros mundos sociales.

Entonces, ¿qué hizo evolucionar nuestros cerebros magnos? Nosotros lo hicimos, o más específicamente otros de nuestra especie lo hicieron porque teníamos que trabajar juntos para sobrevivir. La sobrevivencia física requería la sobrevivencia social, desarrollamos las "agrupaciones".

Si se divide arbitrariamente una habitación llena de gente en dos grupos para un juego, invariablemente comienzan a identificarse con el grupo al que han sido asignados. Consideran a los de su grupo como "los de adentro," y los del otro grupo como "los de afuera". Es probable que haya gran competencia entre los dos grupos aunque la gente de estos dos grupos no se conociese entre ellos al comenzar el juego. Los desconocidos se convierten en compañeros de equipo. ¿No te parece extraño? Probablemente no, porque es literalmente natural y lo más más probable es que tú harías lo mismo. Esta "agrupación" está configurada y es lo que ayudó a nuestros antepasados a sobrevivir los mundos en los que evolucionaron.

El valor de las bandas muy unidas de familiares es lo que nos esculpió en las personas que somos hoy. Esto no es historia antigua; tan recientemente como hace 500 años, dos tercios de la población mundial aún vivían en pequeñas tribus de cazadores-recolectores, el tipo de ambiente social que nos formó y al que nos adaptamos. En muchos aspectos todavía somos bastante tribales en nuestra psicología. Después de todo todavía somos muy recientes.

Por lo cual te preguntas, ¿qué tiene que ver esto con la religión? Todo.

La religión utiliza y se acopla al proceso del pensamiento social de cada día, los mecanismos de adaptación psicológicos que evolucionaron para ayudarnos a negociar nuestras relaciones con otras personas, para detectar el organismo y la intención, y para generar un sentido de seguridad. Estos mecanismos se forjaron en el mundo no muy lejano de nuestra patria africana. Ellos son la razón del porque sobrevivimos.

Aunque la religión no es una adaptación por derecho propio, las creencias religiosas son un subproducto de esos mecanismos psicológicos que nos ha permitido imaginar otras personas y otros mundos sociales, habilidades esenciales para la supervivencia humana. Como la religión puede alterar levemente esas adaptaciones puede ser igualmente poderosa.

Echemos un vistazo a los trabajos de adaptación de los

derivados de otra manera: ¿te gusta la comida rápida, una hamburguesa grande y jugosa con queso, acompañadas por una porción generosa de papas fritas crujientes con sal, y una cola fría o un batido? A la mayoría de la gente le gusta algún tipo de comida rápida, a veces incluso tienen antojos. Si la comida rápida no te tienta, tal vez en alguna ocasión te antojes de unas suculentas costillas. O un helado. Quizás los evitas por razones dietéticas o de salud pero las probabilidades son que por lo menos, de vez en cuando, capitulas y compras tales comidas incluso en contra de tu buen juicio.

¿Por qué es importante esto? Si entiendes la psicología del antojo por la comida rápida, por un corte sabroso de costilla, o por un helado de chocolate decadente, se puede comprender la psicología de la religión completamente.

Evolucionamos en ambientes hostiles y peligrosos. En el mundo antiguo desarrollamos antojos por alimentos raros y cruciales para nuestro bienestar físico. Nadie se antoja por las coles de Bruselas. Ciertos tipos de verduras y tubérculos eran una fuente de alimentos disponibles en el mundo de nuestros antepasados. Sin embargo todos anhelamos grasas y dulces.

La grasa original era la carne de caza, una fuente valiosa de proteínas y calorías concentradas. Los dulces originales eran las frutas maduras, una fuente importante de calorías, nutrientes y vitamina C. El alimento abundante era inexistente. Inanición siempre estaba a la vuelta de la esquina.

El antojo es una adaptación. Resuelve el problema de

asegurar los alimentos críticos pero raros para mantener la vida. Cuando nuestros antepasados tenían antojos, buscaban esos alimentos, y por eso sobrevivieron y se reprodujeron mejor que aquellos que no heredaron esta adaptación particular y por lo tanto no se antojaban de los alimentos que necesitaban.

Y una vez que encontraban esos alimentos, cada vez que podían, nuestros antepasados comían más de lo que necesitaban en ese momento. En el mundo en que evolucionamos no podían esperar encontrar esa comida de nuevo al día siguiente. Ese ganas de comer más que lo que necesitas, y la adaptación ayudaron a resolver el problema de lo impredecible de la disponibilidad de alimentos.

Pero hoy en día en la mayoría de las áreas del mundo desarrollado, la comida es abundante y la cultura humana ha creado nuevas formas para responder a estos antojos. Ahora tenemos la comida rápida, alta en grasa, no saludable que tapa las arterias y expande nuestra cintura, muy distinta a la carne de caza magra que nuestros antepasados buscaban. En lugar de los frutos maduros tenemos refrescos y golosinas.

Aun sabiendo el daño que la grasa, la sal y el azúcar pueden hacernos los anhelamos, y a menos que practiquemos disciplina los seguiremos escogiendo en vez de la carne sin grasa y fruta madura. ¿Por qué?

Debido a que contienen estímulos súper normales. Nuestros cerebros reaccionan a este relativamente reciente aumento de calorías excesivas como si fuera una cosa buena, como si todavía tuviésemos que comportarnos como nuestros antepasados lo hacían. Nuestros cerebros nos recompensan cuando comemos nuestros alimentos preferidos, los centros de placer en nuestro cerebro explotan con deleite. Lo que experimentamos no es sólo una satisfacción leve, sino un intenso placer liberado por las sustancias químicas del cerebro. Los centros en nuestro cerebro, mediados por el neurotransmisor dopamina, son llamados los centros de «hazlo de nuevo». No sólo nos dan una sensación de placer sino nos motiva a repetir la acción que nos llevó a tal satisfacción.

La sensación de placer también es una adaptación. Originalmente ayudó a resolver el problema de la búsqueda y la protección de los alimentos críticos reforzando su consumo, premiando el hallazgo y causando el antojo que aseguraba que la sobrevivencia continuase.

Por lo tanto, estas adaptaciones que ayudaron a asegurar nuestra supervivencia surgieron de nuestro deseo ilógico por estas creaciones culturales nuevas -los antojos que hacían que nuestros antepasados buscaran grasas o dulces, lo cual les ayudaba a sobrevivir. Sin embargo estos alimentos modernos, cargados con más grasa y azúcar que cualquier otra cosa que nuestros antepasados encontraron o cazaron en cualquier momento dado, satisfacen los deseos de una recompensa emocional mucho más intensa y los estímulos consiguientes que la carne de caza o la fruta madura original les hubiese podido proporcionar.

Es por esto que no es una broma decir que si entiendes la psicología de la comida rápida, entiendes la psicología de la religión. Con el diseño de la comida rápida, hemos retenido inconscientemente las adaptaciones antiguas por antojos y posteriormente, hemos asegurado las grasas esenciales y los edulcores que mantuvieron a nuestros antepasados vivos y en forma para reproducirse.

No evolucionamos para desear comida rápida, pero aun así nuestros cerebros lo aceptan como una adaptación. Estos deseos de comida rápida son un derivado. Y ahora se han convertido en algo peligroso porque sin control, pueden conducir a problemas de salud que nuestros antepasados probablemente nunca enfrentaron. Lo que nos lleva de vuelta a la religión o más específicamente, a las adaptaciones que sirven como raíces de estas creencias. ¿Son los antojos siempre algo bueno para nosotros?

3

NUESTRO PAN DE CADA DIA
Anhelando un Guardián

Sin embargo me parece a mí que debemos reconocer que el hombre con todas sus cualidades nobles . . . todavía lleva en su físico el sello indeleble de su origen humilde.

-Charles Darwin

Corriendo en un segundo plano en nuestras mentes hay una multitud de capacidades mentales basadas en la supervivencia esperando ser ejecutadas. Estas nos ayudan a navegar por el mundo, especialmente el mundo social. Apenas las notamos, e incluso cuando lo hacemos no las valoramos, pero son fascinantes y fueron indispensables para nuestra supervivencia mientras evolucionamos y aun lo son. Estas adaptaciones son los componentes básicos de las creencias religiosas.

El Sistema de Apego

Como dice la canción, todos necesitamos alguien en quien apoyarnos.

El *proceso de aparejarse* es una de las adaptaciones más poderosas. Nuestra especie no podría haber sobrevivido y mucho menos evolucionado sin él. Cuando la mayoría de nosotros estamos angustiados buscamos o acudimos a alguien que nos cuide. Esta necesidad de movilización empieza el día en que salimos del vientre, y desde un punto de vista estrictamente neuroquímico, posiblemente antes.

Descrito por primera vez por el psiquiatra británico John Bowlby en la Década de 1940 -y más tarde elaborado y demostrado por la psicóloga Canadiense-Americana Mary Ainsworth en una serie de experimentos controlados con la madre y el niño- el sistema de apego es la base de la unión padre-hijo. Es un legado de nuestra herencia mamífera que se remonta a decenas de millones de años o más.

Los neurocientíficos creen ahora que el aparejarse es una necesidad primordial y que hay redes de neuronas en el cerebro dedicadas a ésto, y el proceso de formar enlaces duraderos es alimentado en parte por la oxitocina, un neuropéptido que discutiremos más tarde.

Cuando somos jóvenes e indefensos, el apego resuelve el problema de la búsqueda aferrándose a nuestra fuente principal de protección y supervivencia. Cuando somos mayores, aparejarse se usa en el amor romántico. Después que el resplandor del romance se desvanece en cualquier relación larga, el apego permanece. Utiliza el mecanismo original de unión entre padres e hijos para consolidar los lazos entre los adultos.

El apego también afecta otras relaciones adultas. Amistades estrechas toman ventaja de esto; por eso es que cuando los tiempos son difíciles recurrimos a ciertos amigos y no a otros. A medida que fuimos evolucionando y formamos pequeños grupos, apegarnos a compañeros y a otros adultos nos ayudó a sobrevivir como individuos y como especie.

Un ejemplo inquietante del sistema de apego en nuestros antepasados proviene de la descripción de los paleo antropólogos Alan Walker y de Pat Shipman de una mujer Homo erectus cuya restos fosilizados fueron descubiertos en África. Los fósiles claramente mostraron que ella había muerto de envenenamiento de vitamina A, probablemente por haber comido el hígado de un animal. Es probable que después de la intoxicación, ella viviera durante semanas o meses, con una hemorragia en las articulaciones y con dolores terribles.

La mujer no habría sobrevivido en las sabanas más de un millón de años sin un guardián. Alguien tuvo que haberle traído su comida y agua, y la protegió de los predadores durante las noches africanas.

Hoy, vemos diariamente el sistema de apego en nuestras vidas y en nuestras relaciones propias con los amigos, amantes, esposos, y niños. De hecho el sistema de conexión como tal, es común, aunque no siempre conscientemente aceptado. Las personas no sólo se apegan a sus familias sino que también a sus mascotas, a sus amantes, a sus amigos cercanos. Incluso el amigo de Charlie Brown, Linus se aferra a su manta, como cualquier niño pequeño podría pegarse a su animal de peluche favorito. Todo nos hace sentir seguro y protegidos.

Por supuesto las personas religiosas se unen a sus dioses. No es un acto de fe ver cómo el sistema de aparejarse trabaja no sólo en los asuntos corporales, sino también en la tendencia del ser humano a querer vincularse con una estructura religiosa al igual que a un ser inmutable, amoroso y eterno.

Pensemos en un niño de dos años de edad extendiendo sus brazos para que lo recojan y lo abracen. Él extiende las manos sobre su cabeza y nos suplica. Pensemos ahora en el creyente pentecostal que habla en lenguas. Él extiende sus manos sobre su cabeza implorando a Dios con el mismo gesto de «recógeme y abrázame». Podemos perder las figuras humanas a las que estamos apegados porque se mueren, a través de malentendidos, a través de la distancia, pero un dios siempre está ahí para nosotros.

Esto lo vemos a menudo en la psiquiatría práctica. Una joven paciente que había sido abusada física, emocional y verbalmente por su padre buscó en su religión cristiana lo opuesto: un padre atento que la amara y aceptara su amor. Ella le pediría a dios que la guiara en las decisiones de la vida, hablaría con él como lo haría un adulto joven con un padre solidario e informado, y se preocuparía por su reacción como una joven inquieta por la reacción de un padre.

El hecho es que nunca perdemos el deseo por alguien que nos cuide.

¿Quién te protegerá a ti y a tus seres queridos contra la inanición, enfermedad, desastre, muerte, y otras desgracias de la vida? ¿Tus padres? Cuando eras pequeño, incluso antes de que conocieses el concepto de deidad, ellos eran la definición de dioses, capaces de hacer cualquier cosa. Hoy en día, si aún están vivos, los conoces como las personas comunes que son, sin más poderes que los que tú tienes para proteger, curar heridas, y para evitar las avalanchas de mala suerte y el destino que nos precipita por la vida. Ellos pueden incluso hasta depender de ti ahora.

Un padre en el cielo, omnisciente y omnipotente podría, si se le suplica a menudo y con gran intensidad, no sólo protegernos a nosotros y a nuestros seres queridos, sino que también nos ayuda a encontrar una comunidad de gente con ideas similares, nos protege del miedo a la muerte, asegura nuestra salvación y nos proporciona una vida eterna que compensa todo nuestro sufrimiento humano.

Esta es la promesa de la religión. Nuestros padres no pueden cuidarnos para siempre pero Yahvé puede. No hay ateos en las trincheras.

Las religiones nos dan padres "sobrenaturales," figuras magníficas de apego las cuales nunca experimentamos en la vida cotidiana. Cuando estamos angustiados, nos volcamos a un dios que escucha nuestras oraciones, otorga nuestros deseos, protege a nuestros seres queridos, y nos asegura la recompensa sin importar cuán adversos sean nuestros problemas.

Al igual que los actualmente contraproducentes antojos de comida rápida, las ideas religiosas surgen de adaptaciones; las religiones hoy en día proporcionan estímulos sobrenaturales y recompensas excesivamente intensas que pueden activar una búsqueda desesperada por más. Al igual que el ansia por la comida rápida, las ideas religiosas surgieron de las adaptaciones que mantuvieron a nuestros antepasados vivos, pero eso no significa que los antojos son buenos para nosotros. ¿Qué prefieres, el queso de soja o carne? ¿El brócoli o un helado con salsa de chocolate? ¿Qué te da mayor placer?

El Aparejamiento y El Rechazo

Esta necesidad por apego contribuye tanto a la facilidad para aceptar la religión como a la dificultad en rechazarla. Es muy simple, queremos creer en algo amoroso y eterno.

Podemos verlo en la propia vida de Charles Darwin. Cuando se fue en su famoso viaje del Beagle, de 1831 a 1836, él era un creacionista. Cuando regresó, le dio sus muestras de pájaros de Galápagos al ornitólogo John Gould. Darwin ya había considerado la posibilidad de que las especies no eran inalterables, no fijas en el tiempo -no, para ser específicos, no eran la creación inalterable de un dios. Cuando Gould le dijo que los pájaros de Galápagos eran especies de pequeños pájaros cantores desconocidos en la naturaleza y no descritos previamente, quedó claro para él que las especies habían cambiado de acuerdo al medio ambiente y con el tiempo.

En el verano de 1837, Darwin abrió sus famosos cuadernos y dibujó un árbol de la vida, ilustrando la idea que las especies evolucionaban. Y señaló que "el hombre en su arrogancia se cree una gran obra, digno de la interposición de una gran deidad. Más humilde, y creo que más cierto, es considerar que vino de los animales".

Darwin aun no entendía el mecanismo por el cual este cambio de especies ocurrió a lo largo del tiempo. En septiembre de 1838, él leyó TR Malthus, "El Ensayo sobre los principios de Población", que postulaba que los animales producían mucho más crías que las que podían sobrevivir. Llegó a creer que había una lucha por la existencia, y aquellos que tenían lo necesario para sobrevivir y reproducirse serían los que continuarían en el futuro. Él lo había resuelto todo.

Pero hasta Darwin tenía dificultades rechazando la religión. El estaba comprometido con su prima hermana, Emma Wedgewood. En algún lugar en el otoño de 1838, le debió haber dicho acerca de sus ideas. Ella escribió en una carta dirigida a él que sobrevive, "Mi razón me dice que las dudas honestas y de conciencia no pueden ser un pecado, pero creo que sería un vacío doloroso entre nosotros". Se casaron en enero de 1839.

Ciertamente él tenía su idea sobre la selección natural desarrollada para entonces, pero permaneció inédito durante veinte años, probablemente debido en parte a la angustia que él sabía la publicación causaría a su esposa.

Pero en la década de 1850, la diferencia entre ellos podía verse los domingos por la mañana. Él caminaba con Emma y los niños a la iglesia. Ella y los niños entraban a la iglesia y Darwin continuaba su caminata. Su adorada hija Annie había muerto de tuberculosis; con ella murió la creencia religiosa de Darwin.

Un año antes de su muerte en 1881, cuando estaba terminando su autobiografía, Darwin releyó una carta de Emma escrita en Febrero de 1839, en la cual ella escribía: "¿No será que la práctica de las actividades científicas de creer en nada hasta que sea probado influyen tu mente demasiado en otras cosas que no pueden ser probadas?"

Una cristiana devota, Emma probablemente estaba angustiada por sus ideas y sin duda por su falta de fe. En la parte inferior de dicha carta él inscribió, "Cuando me muera, sabrás que muchas veces he besado y llorado sobre esto. C. D."

No solo es el sistema de apego una parte crucial de la fe religiosa, es probablemente una de las adaptaciones que hace el apartarse de ésta difícil. Carl Giberson, en su libro *Salvando a Darwin: Cómo ser cristiano y creer en la evolución*, escribió: "Tengo una razón de peso para creer en dios. Mis padres son profundamente cristianos y los devastaría si yo rechazara mi fe. Mi esposa y los niños creen en Dios, abandonar la creencia en dios sería perjudicial, descarrilaría mi vida completamente".

Sin embargo nuestros seres queridos no necesitan decirnos abiertamente que el dejar lo que ha sido una creencia compartida, o el reusarse a compartir sus creencias, los va a hacer infelices. Nosotros sabemos esto intuitivamente, debido a otras adaptaciones únicas de los humanos -que ahora son partes del diseño básico de nuestro cerebro- nos permiten inferir sus reacciones a nuestras decisiones aun cuando digan nada. Comienza con nuestra capacidad de separar mentalmente sus mentes de sus cuerpos, lo que a su vez regresa en forma circular a nuestra capacidad de no solo creer en lo que no podemos ver, sino también para interactuar con lo invisible. Nacemos con la capacidad de leer lo que otros pueden estar pensando, incluso cuando no están allí para decírnoslo. En cierta forma, todos aquellos a los que estamos apegados a veces se convierten en amigos imaginarios.

4

TODO LO QUE SE VE Y NO SE VE
Concibiendo almas

La etapa posible más alta en la cultura moral es cuando reconocemos que debemos controlar nuestros pensamientos.

-Charles Darwin

La División Mente-Cuerpo

Debido a que tenemos que trabajar con otras personas para sobrevivir, nuestros cerebros desarrollaron la capacidad para hacer suposiciones sobre otros, para crear conjeturas que nos ayuden a convivir en entornos sociales. Nacemos aceptando que los demás son como nosotros, agentes intencionales con mentes como las nuestras, aunque no podemos ver literalmente sus mentes.

Un aspecto de esto se llama la división *mente-cuerpo o dualismo*, la idea que la mente y el cuerpo funcionan por separado, sin intercambio. No podemos concebir las almas, a menos que veamos la mente como algo separado del cuerpo. Y lo hacemos, porque nuestros cerebros están configurados de esa manera.

El área frontal media del cerebro, justo detrás del espacio entre los ojos, contiene los circuitos de la introspección, la conciencia de nuestros propios atributos no físicos, nuestros estados emocionales y características, y nuestros propios deseos y anhelos. Es también la parte de nuestro cerebro con la que reflexionamos sobre lo abstracto: las mentes de otras personas, sus intenciones, creencias, deseos y sentimientos -sus atributos no físicos.

Esta habilidad no se aprende, es innata, configurada. El cerebro representa la mente y el cuerpo en diferentes circuitos neuronales. Esto nos permite separar mentes de cuerpos, experimentar y creer que son categorías totalmente diferentes.

La parte lateral del cerebro es donde reconocemos cosas concretas, visibles, tales como nuestras propias caras y cuerpos y los movimientos de otros en relación a ellos. También es donde notamos los aspectos fuera de lo común de nuestras situaciones, tales como algo que no debería moverse pero se mueve.

Las ideas religiosas son influyentes y perduran porque encajan perfectamente con esta estructura, esta división mente-cuerpo.

Al igual que muchos de los conceptos tan importantes para la religión, la división entre lo animado y lo inanimado puede verse en los lactantes y los niños. Un niño de cinco meses de edad, se sorprende cuando ve que un cuadro se mueve solo. Sin embargo, una persona en movimiento es una parte normal de la vida cotidiana y no causa ninguna reacción en ese mismo niño. Es normal en el cerebro del niño pensar en agentes animados intencionales, pero una propiedad física inanimada -la caja- no debería moverse como un agente intencional -la persona.

En un experimento con niños, Jesse Bering, un psicólogo de la Universidad de Queens en Irlanda, creó una función de marionetas. En el espectáculo, un títere cocodrilo se tragaba a un títere ratón. Después Bering le preguntaba a los niños varias cosas sobre el ratón. ¿Todavía come el ratón? ¿Extraña el ratón a su madre? Los niños sabían que el ratón ya no podía comer, pero ellos pensaron que extrañaba a su madre. Estos niños le atribuyeron al ratón muerto un estado mental que no eran capaces de concebir ya no existe.

Este concepto aparece a menudo en los debates sobre los derechos al aborto como una variante de la pregunta, "¿Cómo te sentirías si hubieses sido abortado?"

El simple pero brillante experimento de Bering muestra que incluso los niños demuestran la división mente-cuerpo; esto significa que creer en lo sobrenatural no es algo aprendido de nuestra cultura mientras crecemos de bebés a niños pequeños, a niños más conscientes. Es equipo original que no requiere provocación social.

Los niños también demuestran otro aspecto de esta base de creencias religiosas. Casi la mitad de los niños de cuatro años de edad tienen amigos imaginarios. Resulta que aquellos que los tienen crecen socialmente más competentes. En muchos sentidos, un dios es nuestro amigo imaginario.

Sea cual sea la versión que nuestra cultura nos imparte sobre lo sobrenatural, aterriza en una mente que ya es parcial a aceptar que la vida humana mental y los contenidos de un cuerpo vivo o muerto flotan libres. Las creencias sobrenaturales de la religión simplemente piratean la forma que nuestro cerebro está diseñado para pensar sobre otras personas, sus mentes y sus intenciones. La mente y todo lo que la llena permanece separada del cuerpo.

Entender el sistema de apego y la división mentecuerpo es sólo el comienzo del entendimiento de las formas en que la mente puede ser engañada en la creencia.

5

PORQUE LA BIBLIA ME LO DICE
Creyendo en lo invisible

Hermosa como es la moralidad del Nuevo Testamento, difícilmente puede negarse que su perfección depende en parte por la interpretación que ahora ponemos en metáforas y alegorías.

-Charles Darwin

La Cognición disociada

Imagínate que la única forma de pensar acerca de lo que podría estar sucediendo en la mente de otra persona es que esa persona estuviera sentada frente a ti. Las relaciones humanas tal como las conocemos serían imposibles, y lo mismo era cierto para nuestros ancestros. Necesitamos evaluar los pensamientos y sentimientos probables de los demás, aun cuando esos otros no están por ningún lado.

Por esta razón, los seres humanos están adaptados singularmente para aceptar la presencia de entidades desencarnadas y para asumir que se comportaran de cierta manera.

La mayoría de nosotros lo hacemos todos los días.

¿Alguna vez has pensado en una respuesta perfecta a un desafío conversacional cuando ya era demasiado tarde para usarlo y mentalmente recreaste el camino que la conversación podría haber tomado? En la noche agonizas acostado y despierto en la cama pensando cómo corregir un paso en falso social o profesional. ¿Ensayamos mentalmente una propuesta de matrimonio, o una solicitud para un aumento de sueldo?

Nosotros los humanos tenemos la capacidad notable para crear e implementar una interacción compleja con un otro ser invisible -jefe, cónyuge, amigo- en nuestras mentes sin importar la hora o lugar, en el pasado o en el futuro. Tuviste una discusión, te equivocaste. Quieres pedir disculpas, pero es necesario planificar cómo hacerlo; mentalmente lo ensayas, imaginando cómo la otra persona va a responder. Y todo esto ocurre mientras haces tu vida diaria.

Esto se conoce como la cognición desacoplada, y es la clave para la creencia religiosa.

Podemos desacoplar nuestro conocimiento del tiempo, lugar y circunstancia. Esta capacidad surge en la infancia y se ve vívidamente en acción. Un niño puede decir que una tapa de botella es un platillo volador. El niño sabe lo que realmente es pero puede optar por ignorar la realidad y pensar en él como un platillo volador, con los atributos imaginados y relacionados a tal objeto. El niño está desacoplando su cognición.

Los espectadores de teatro y películas utilizan tal "suspensión de la incredulidad todo el tiempo. Ellos saben que lo que está sucediendo en el escenario o en la pantalla no es real. Sin embargo cuando están mirando escogen creer que la gente que está en el escenario o en la pantalla realmente existe, que viven en otro lugar y tiempo, que el coche realmente voló en pedazos, que un personaje volvió a la vida.

Como adultos, este mecanismo es crucial para la memoria y la planificación. Podemos avanzar y retroceder en el tiempo, lugar y circunstancia mientras pensamos cómo dirigir las relaciones en nuestras vidas. Recordamos la reunión con el jefe. Planeamos una conversación para el futuro. Toda esta interacción es con otras personas que no están allí en ese momento.

La interacción en nuestras mentes con seres invisibles es natural. Muchas personas conversan mentalmente con seres queridos fallecidos recientemente. Una extensión natural de éste -un acto de fe, podemos decir- puede convertirse en culto a los antepasados y creencia en dioses. La capacidad de nuestra mente para crear una relación compleja con otros seres invisibles simplemente se expande.

Los Mecanismos de la Teoría-de-la-Mente

En estrecha relación con la cognición desacoplada está la increíble capacidad mental, los sistemas en nuestro cerebro llamados *mecanismos de teoría de la mente*, un nombre discreto para un regalo increíble. Antes de imaginarnos cómo alguien podría reaccionar, tenemos que de alguna manera entender qué y cómo esa persona probablemente piensa.

Y por la mayor parte, somos capaces de hacer eso. Tenemos una capacidad innata para "leer" lo que otra persona puede pensar, creer, desear o pretender, en gran detalle y con notable precisión y hacer suposiciones basándonos en eso.

Piensa en la gente que conoces bien. Probablemente puedes imaginarte con bastante precisión qué temas pueden estar considerando en este mismo momento. Puedes hacer un estimado educado en cuanto a lo que piensan de ti. Esta capacidad probablemente ayudó a nuestros antepasados a determinar quién era amigo y quién no, a interactuar socialmente y de acuerdo a esto a planificar la sobrevivencia.

Esta habilidad por atención conjunta puede ser la clave para la individualidad humana. Único entre los simios, nos involucramos en una cooperación compleja con otros, no sólo leyendo las mentes de otros sino que también leyendo a otros leer nuestras mentes. No lo valoramos porque parece tan simple, pero no lo es.

Por ejemplo, tú y yo planeamos reunirnos en un teatro para la película de las 9 de la noche. Hemos construido un plan para cooperar en una iniciativa conjunta. Cada uno sabe sobre el compromiso del otro con la tarea. Pero tú sabes que puedo llegar tarde. Me dijiste que estuviera a tiempo y sé que te frustra mi tendencia a llegar tarde. Y tú sabes que yo sé de tu descontento con mi retraso. Cuando llego con tiempo suficiente para la película, sonríes. Sé que estás satisfecho con mi puntualidad y tú sabes que veo y entiendo tu placer. Ni una sola palabra es necesaria.

Es sólo un pequeño paso para imaginarse una mente amorfa como la de los humanos, con ideas, sentimientos e intenciones sobre ti y tu prójimo. Podemos imaginarnos esta mente como de humanos y participar en una empresa conjunta. Vamos a construir una catedral con y para él. El estará satisfecho. Sabremos si está contento si la buena suerte se nos presenta en nuestro camino.

Intencionalidad

Un fenómeno relacionado cercanamente es intensionalidad, escrita con una "s". Esta es otra capacidad mental extraordinaria que no valoramos. Dice así:

Primera Orden	"Yo pienso".
Segunda Orden	"Yo pienso que tú piensas".
Tercera Orden	"Yo pienso que tú piensas que yo pienso".
Cuarta Orden	"Yo pienso que tú piensas que yo pienso que tú piensas".

Intentémoslo de esta manera:

Primera Orden	"Yo espero".
Segunda Orden	"Yo espero que te guste este libro".

Tercera Orden	"Yo sé que estás consciente que yo espero te guste este libro".
Cuarta Orden	"Yo puedo estar seguro que yo sé que tú estás consciente que yo espero te guste este libro".

Estos pueden ser, por supuesto, coloreados por las circunstancias. Imagina una situación social. Una mujer está hablando con un hombre que ella piensa que es aburrido. Sin embargo, el hombre piensa que la mujer lo considera muy atractivo. En una esquina de la habitación, está el marido de la mujer, quien sospecha que su mujer está coqueteando con el otro hombre porque él sabe que ella está enojada con él y cree que está tomando represalias que, de hecho, ella puede estar haciendo sabiendo que va a molestar a su marido.

Este tipo de conocimiento de lo que piensan los demás y lo que otros piensan acerca de lo que podríamos pensar, es algo que es totalmente indispensable para las relaciones sociales.

Las religiones utilizan fácilmente la intensionalidad.

Primera Orden	"Yo creo".
Segunda Orden	"Yo creo que dios quiere"
Tercera Orden	"Yo creo que dios quiere que actuemos con la intensión justa".

Cuarta Orden	"Yo quiero que tu creas que dios quiere que actuemos con la intensión justa".
Quinta orden	"Yo quiero que tu sepas que ambos creemos que dios quiere que actuemos con la intensión justa".

El psicólogo Robin Dunbar señala que la tercera orden de intensionalidad es la "religión personal". Pero para que estés convencido debe haber una cuarta orden de intensonalidad -otra persona agrega a tu estado mental, pidiéndote que creas, produciendo "la religión social".

Aún si aceptas la verdad de la religión social, te compromete a nada. Si se agrega un quinto orden, aceptas la afirmación, te conviertes en un creyente, y has creado la "religión comunal". Las personas, juntas, pueden invocar obligaciones y exigir que los demás se comporten de maneras prescritas.

Tú ves esta capacidad de intensionalidad compartida que se desarrolla en los niños mucho antes que puedan hablar. Toma un niño de corta edad, siéntalo en el suelo y roda o rebota una pelota de un lado a otro con él. Fácilmente se une al juego. A continuación, rebota la pelota de modo que quede fuera del alcance de ambos. El niño recupera el balón, lo pone en tus manos y te gesticula para que reanuden el juego. El sabe que tú sabes el juego y que tú sabes que él quiere jugar de nuevo.

Esta intensionalidad compartida sobre una acción

conjunta puede ser incluso la base de la lengua. Si tú y yo somos personas de habla hispana, cada uno de nosotros sabe que el otro sabe que el termino arbitrario "libro" señala lo que este es. Si somos franceses, entonces cada uno de nosotros sabe y sabemos que el otro sabe, que el convenio arbitrario es "livre".

Hacer suposiciones relativamente precisas acerca de los demás puede desempeñar un papel, incluso cuando nos encontramos con gente que no conocemos, o no conocemos bien. Nosotros desarrollamos adaptaciones separadas diferentes y dedicadas para evaluar la mirada, tal vez esa es una de las razones porque llamamos a los ojos "Ventanas del alma". Podemos recoger mucha información acerca de otros a través de sus ojos, lo que puede haber permitido a nuestros antepasados determinar la hostilidad en otros, dentro o fuera de sus tribus o para conocer al amigo del enemigo en encuentros casuales. Si alguna vez has encontrado la mirada atenta de un bebé que no te conoce has visto esto en acción.

Esta habilidad mental ha sido demostrada por el psicólogo Simon Baron-Cohen, de la Universidad de Cambridge, quien mostró en sorprendente detalle nuestra capacidad mental para leer, con un buen grado de precisión, varios cientos de estados emocionales discretos de otras personas simplemente mirando en sus ojos. En resumen, podemos hacer juicios complejos acerca de una persona que no conocemos y una mente/cerebro que nunca podemos ver directamente.

Transferencia

Llamar un dios nuestro padre no solo aprovecha nuestro alambrado para apego sino también usa una adaptación llamada transferencia, la cual es particularmente útil en la comprensión de ciertos aspectos de la religión.

Todos nosotros, inconscientemente, basamos las relaciones de la vida en nuestras relaciones previas. Tan pronto aprendemos a caminar y a hablar al principio de la vida, aprendemos estrategias para tratar con los demás. Estas estrategias de relaciones tempranas forman características permanentes de personalidad para mejor o para peor convirtiéndose en la gramática que utilizamos para llevar a cabo las relaciones posteriores.

Por ejemplo, como adultos, nos relacionamos con las figuras de autoridad en la misma forma que lo hicimos durante nuestros años de formación. Asumimos que estas nuevas autoridades nos responderán como tales personas lo hicieron en nuestro pasado, y basamos nuestra actitud sobre las figuras del presente en aquellas experiencias iniciales. Si las primeras experiencias fueron duras, asumimos que las autoridades actuales nos tratarán mal. Por consiguiente, ajustamos nuestra relación con ellos incluso cuando ese no es el caso y la autoridad presente es en realidad amable con nosotros.

Pero ¿por qué evolucionó la capacidad para la transferencia en la mente humana? ¿Qué problemas resuelve? ¿Qué función de adaptación sirve?

Nosotros usamos la clave de transferencia para asignar a

otros, sentimientos y actitudes que originalmente asociamos con figuras importantes en nuestros primeros años de vida. En el mejor de los casos, basamos las relaciones del presente en relaciones del pasado -reales, imaginarias o deseadas- es una forma eficiente de anticipar resultados. Imagínate como sería si tuviéramos que volver a aprender a relacionarnos con la gente con cada relación social nueva.

Cada día, los psicoterapeutas ven las muchas maneras que las relaciones perturbadas anteriores distorsionan las relaciones en el presente. Cuando esa transferencia se repite en la terapia psicoanalítica, los detalles de la transferencia misma se convierten en el campo de tratamiento.

Pero, ¿qué tiene que ver esto con la religión? Piensa en todas las transferencias potenciales movilizadas por la creencia religiosa. Los cristianos miran a dios el Padre, María la Madre, y así sucesivamente. Luego piensa en cómo esas creencias se pueden combinar con transferencias personales: padres humanos, hermanos y otras personas significativas. El tratamiento psicoterapéutico de las personas religiosas, a menudo desenmascara las relaciones tempranas que transfieren y contribuyen a las creencias religiosas del paciente.

6

LIBRANOS DEL MAL
Antropomorfización de dios (es)

La mera esencia del instinto es que se sigue independientemente de la razón.

-Charles Darwin

Otro atributo exclusivamente humano que favorece la religión es nuestra predisposición a atribuir poder o influencia humanoide (agencia) a casi todo lo que encontramos.

¿Por qué confundimos la sombra por un ladrón pero nunca un ladrón por una sombra? Si oyes un portazo, ¿por qué te preguntas quién lo hizo antes de considerar el viento como el culpable? ¿Por qué un niño que ve que soplar las ramas de un árbol a través de la ventana teme que el monstruo ha venido por él? En tal caso, ¿de dónde vino el concepto de la infancia casi universal del "cuco" o monstruos debajo de la cama? Algunos psicólogos piensan que el monstruo de abajo de la cama puede ser un legado de los inicios de nuestra vida como australopitecos. Pasábamos las noches en los árboles con los predadores que acechaban abajo y mantenían la vigilancia de los peligros de abajo.

Los humanos son muy parciales para interpretar la evidencia poco clara como causada por una acción conciente por un agente, casi siempre un agente humanoide. Esta capacidad cognitiva de atribuir actividad a vistas abstractas o sonidos pudo haber ayudado a nuestros antepasados distantes a sobrevivir, permitiéndoles detectar y evadir enemigos. Los mantuvo alertas, atentos a un posible peligro. Mejor saltar contra las sombras que arriesgar que algo o alguien salte hacia ti.

Dispositivo Detector de Actividad Hiperactiva

Esta capacidad siempre se activa rápidamente (hiperactiva) y se despliega fácilmente (hipersensible). Ha sido llamado dispositivo detector de organismos hiperactivos. Este dispositivo contribuye a la creencia religiosa ya que permite e incluso favorece la inferencia de los organismos invisibles, casi siempre agentes humanos o humanoides. Una vez que la mente hace esa conexión, es un impulso fácil creer en un fantasma o espíritu, incluso en un todo-poderoso.

Esta capacidad era adaptable, por lo tanto, es natural para nosotros asumir la presencia de seres invisibles y creer que dichos seres pueden influenciar nuestras vidas. Es igualmente natural asumir que un ser así, si se le pide, puede alterar o afectar lo que nos pasa. Pedir fácilmente se convierte en oración.

Con la ayuda de detectores de caras evolucionados

y otras capacidades cognitivas sensibles a las formas humanas, la menta humana puede ver figuras humanoides casi en cualquier parte -El hombre en la Luna, los irascibles manzanos en Oz, Jesús en una papa frita, una cara sonriente con marcas de puntuación :-).

La gente incluso ve el "Ojo de dios" en una foto de la nebulosa Helix mejorada compuesta a color, tomada en parte por el telescopio Hubble de la NASA, la imagen en la portada de este libro.

Otra manifestación puede ocurrir cuando atribuimos agencia a no agentes conocidos, como a una tormenta de nubes o al viento. Podrías decir "el cielo se ve enfadado hoy", o "este viento es brutal". Los griegos antiguos lo tomaron aún más lejos: Zeus lanzaba relámpagos, Poseidón causaba tormentas en el mar, y las sirenas seductoras y destructivas causaban naufragios.

Ahora puedes preguntar, espera un segundo, ¿cómo es que la acción hiperactiva y desasociada conduce a creer en lo sobrenatural? ¿Cómo podemos llegar más allá de conversaciones mentales con antepasados y miedo a las sombras a la creencia en lo sobrenatural?

Ya atribuimos acciones a cosas muy ordinarias y estamos dispuestos a aceptar automáticamente lo invisible e incluso temer a ellos o a eso.

Como seres sociales con estas adaptaciones, ahora estamos listos para creer en una figura divina que nos da afecto. Le podemos atribuir agencia, transferir parte de nuestras primeras emociones de la vida, y como resultado podemos creer que dicho ser desea interactuar con nosotros. Pero este ser permanece invisible y en gran medida imaginario, con piezas que claramente faltan. ¿Cómo se convierte en un dios?

El razonamiento deductivo y mundos mínimamente contra intuitivos

Llenamos los espacios en blanco. Ese es el razonamiento deductivo. Llenando los espacio en blanco sin siquiera pensar en ello, operando bajo determinadas suposiciones básicas no declaradas, es la base de los mundos mínimamente contra intuitivos.

Mira la imagen de abajo. No hay líneas en la imagen, pero se ve un cuadrado. Haz deducido el cuadrado de la evidencia disponible, llena los espacios en blanco, por así decirlo. Si envías un mensaje de texto, usas y ves el razona-

miento deductivo todos los días.

Llenar los espacios en blanco en combinación con otras adaptaciones nos ayuda a crear una imagen completa de otra casi completa. Si un pequeño elemento o dos son un poco diferentes pero no totalmente fuera de contexto, todavía podemos ver y aceptar la imagen. Aún sigue siendo mínimamente contra-intuitivo. Esta es la base de mundos mínimamente contra-intuitivos, lo cual es un compromiso óptimo entre lo interesante y lo esperado. Un capricho de la mente humana es que estos mundos mínimamente contra-intuitivos capturan nuestra atención y sean memorables.

Si te dicen que el roble grande en el parque cerca de tu casa hará tus impuestos, lavará tu ropa, arreglará tu coche, y te dirá cuál será el futuro de tu bolsa de valores, ni siquiera considerarías creerlo, ¿por qué? Hay simplemente demasiadas violaciones de "lo que es un árbol".

Sin embargo, si te dicen que el árbol escuchará tu oración durante la luna llena, podrías ser vulnerable a creer. Sin duda será una descripción fácil de recordar. ¿Por qué? Debido a que está a un sólo ápice de la realidad. Aunque pocas capacidades humanas mentales, tales como la habilidad para escuchar y comprender el lenguaje humano y actuar en respuesta, han sido atribuidos al árbol, todavía es un árbol. Su atributo principal sigue siendo un árbol, plantado en el parque, sujeto a todo lo que entendemos acerca y esperamos de un árbol. Sin embargo, encontramos la más leve alusión de magia intrigante.

Considera la posibilidad de los cuentos de hadas que

has oído de niño: una hermosa reina se disfraza de bruja malvada, pero se transforma fácilmente de nuevo; una bruja malvada tiene una casa hecha de dulces para atraer a los niños; una hijastra sirvienta puede llegar a ser hermosa y casarse con el apuesto príncipe.

Es nuestra habilidad para construir y conectar estos mundos mínimamente contra-intuitivos donde se encuentra la base de nuestra propensión a generar y aceptar las ideas religiosas y a limitar la incredulidad. Al igual que los cuentos de hadas están lo suficientemente cercanos a la realidad para que los niños los crean, la arquitectura central de todas las religiones implica una distorsión leve de alguna propiedad física, biológica o psicológica de un objeto básico que de otro modo sigue siendo el mismo y placenteramente familiar.

Con mundos mínimamente contra-intuitivos, lo sobrenatural siempre permanece conectado a lo común y a lo cotidiano. Este aspecto no sólo los hace memorables, sino que más importantes; también les permite aliviar el centro de los problemas humanos existenciales que no se pueden solucionar racionalmente, como la muerte.

Los antiguos egipcios adoraban a la diosa gata Bastet. No era raro comenzar como criaturas elegantes dormitando bajo los rayos de sol durante el día y eliminando graneros de roedores y reptiles eficazmente en la noche a una diosa que viajaba a través de los cielos con el dios sol Ra, protegía a los humanos de enfermedades contagiosas y de espíritus malos, y peleaba el archienemigo de Ra, la serpiente Apap. En su esencia, Bastet todavía es una gata que mantiene lejos a los roedores portadores de enfermedades y reptiles venenosos.

El giro puede ser más contrario a la intuición, pero el resto está asentado en la realidad. La Virgen María concibió a Jesús al mismo tiempo que era virgen, pero todo lo demás acerca de la femineidad y la maternidad permaneció intacto.

El dios judeo-cristiano está físicamente en todas partes. El conoce mis pensamientos. El sabe si he sido malo o bueno en mi mente. Pero todo lo demás acerca de dios permanece simplemente humano. De lo contrario, él es sólo un hombre, y todo lo que sabes acerca de los hombres permanece intacto. Dios puede ser malhumorado, impaciente, vengativo, y en muchos aspectos un tipo regular.

Llenamos los espacios en blanco sin darnos cuenta y mucho menos pensando en ello.

Las religiones siempre asignan capacidades humanas, simples y mundanas a los dioses. Los cristianos creen que Jesús era un hombre y un dios.

Todos los atributos humanos normales están ahí, y consecuentemente nos relacionamos con dios a lo largo de esas dimensiones. Nunca estamos conscientes de ésto a menos que realmente pensemos en ello y notemos tales contradicciones como la necesidad de rezarle a un adivino. Asumimos que los dioses están supuestos a percibir, sentir y actuar como la gente común, y a comportarse como lo mejor y lo peor de nosotros. Estas suposiciones de funcionamiento básico acerca de los dioses siempre están ahí, incrustados como ladrillos en la pared de cualquier fundación.

¿Por qué la gente tiene que orar? Si nuestro dios lee y conoce nuestros pensamientos, ¿por qué tenemos que hablar con él? La biblia responde a esta pregunta: dios sólo nos oye si se lo pedimos. Y volvemos a la racionalización de la religión. ¿Nos engañamos a nosotros mismos?

Autoengaño

Si nos engañamos a nosotros mismos es fácil engañar a los demás. Los políticos ambiciosos realmente pueden creer que están postulándose para un cargo para promover una causa particular. De hecho, podrían estar escondiendo sus propias ambiciones y hambre por poder y estatus aun de ellos mismos.

La poderosa obra de 1947 de Arthur Miller *All My Sons*, la cual fue basada en una historia verdadera, ilustra el poder del autoengaño. En la obra, un hombre que dirige una fábrica de guerra, a sabiendas despacha piezas defectuosas, causando la muerte de veintiún pilotos. Por más de tres años, el engaña a otros y a él mismo, culpando a su socio encarcelado. Cuando se descubre la verdad, el hombre afirma que actuó por su familia, para mantener la fábrica en funcionamiento, y se lo cree totalmente. La obra es en gran parte cómo su autoengaño se desintegra poco a poco, y se ve obligado a enfrentar la verdad.

Esta capacidad humana de autoengaño es crucial para la creencia religiosa. Si muchos creyentes pudieran ver sus propias mentes más claramente, se darían cuenta que el autoengaño juega un papel en su aceptación de la fe.

Tal vez hay solamente ateos en las trincheras. Si los fieles verdadera y plenamente creen en una deidad protectora, ¿por qué se sumergen en una trinchera para protegerse de las balas que pasan silbando por los lados? Una parte de su cerebro sabe muy bien que si no se protegen, las balas difícilmente discriminan entre aquellos que afirman tener fe y los que la rechazan. Ellos pueden decir y pensar que creen, pero sus acciones instintivas exponen la mentira.

¿Por qué los creyentes compran seguro de salud? ¿Seguro de casa? La mayoría de las personas viven sus vidas como si dios no existiera. Paramos en semáforos en rojo, ponemos a nuestros hijos en asientos de seguridad, y actuamos responsablemente para proteger nuestra seguridad y la seguridad de los que amamos. Considera la calcomanía que dice: "Precaución: En Caso de Rapto de los Creyentes al Paraiso este coche se manejará sin conductor!" Incluso allí, el conductor está ad-virtiendo a otros conductores. Si una persona es religiosa, es un ateo con respecto a los demás dioses y a los dioses de la historia. Él también casi vivirá invariablemente como un ateo en relación a su propia deidad que adora.

Esperamos que otros vivan como ateos también. Que-remos que paren en los semáforos en rojo y que no asuman que conducimos bajo protección divina. Nosotros, en el Occidente, estamos tan acostumbrado a que las personas religiosas no crean realmente, verdaderamente y completamente en lo que ellos dicen creer, que nos sorprendimos cuando nos cruzamos el 11 de Septiembre con personas que realmente creen en su religión y ponen sus creencias en prácticas asesinas.

Sobre leyendo Determinación

Al igual que el marido que pensó que su esposa aburrida estaba coqueteando, nosotros tenemos mentes tremendamente parciales para *sobre leer la determinación*, especialmente la determinación humana o propósito. Por supuesto, estamos apenas conscientes de ello. Es ahí cuando decimos, "llovió hoy porque no traje mi paraguas". Incluso los ateos pueden decir que un evento que sucedió en su vida tenía "un propósito".

La tendencia a leer propósito y diseño cuando no existen es más evidente en los niños. Si le preguntas a un niño para que son los lagos, te podría decir para que los peces naden. ¿Para qué son los pájaros? Para cantar. ¿Para qué son las rocas? Para que los animales se rasquen. Millones de padres probablemente casi han llegado a su límite cuando su niño de tres años de edad le pregunta por la milmillonésima vez "¿Por qué?"

Los niños han sido descritos como "teístas intuitivos". Los niños muestran lo que se llama teleología promiscua, una preferencia básica para comprender el mundo en términos de propósito. Esto contribuye a lo que sabemos ahora acerca de la creencia de los niños. Los niños espontáneamente adoptan el concepto de dios y de un mundo creado sin intervención de los adultos. En el fondo, todos nacemos creacionistas. Incredulidad requiere esfuerzo.

Incluso los adultos están lejos de ser un dechado de lógica. Nosotros también necesitamos ver el propósito. De hecho, la necesidad de ver el propósito es inherente a la definición de religión. Por ejemplo, Dictionary.com define la religión primero como "un conjunto de creencias acerca de la causa, naturaleza y finalidad del universo, especialmente cuando se considera como la creación de una agencia o agencias sobre humanas, lo que usualmente implica observaciones rituales y devocionales".

Los literarios bíblicos creen que los animales existen con el único propósito de servir a la humanidad. El que los animales no humanos han desempeñado un papel en la evolución de nuestra especie y el ecosistema de nuestro planeta no son algo que los literarios tienen en cuenta.

Nuestro problema con el propósito se manifiesta más en nuestra resistencia y en la dificultad para entender la selección natural.

Debido a que se espera que "todo sucede por una razón", es difícil para nosotros entender cómo la vida evolucionó. Es difícil para nosotros aceptar la mutación de genes gradualmente y al azar y la supervivencia, no al azar de los cuerpos que los contienen. Nuestra tendencia a releer el propósito y nuestra incapacidad inicial para comprender los mecanismos ciegos y sin propósito de la evolución de la vida puede hacer que la creencia religiosa sea el camino de menor resistencia.

Tenemos una necesidad innata de orden en nuestras vidas, y la religión la llena.

7

HAGASE TU VOLUNTAD
Sometiéndose a la ley de dios (es)

Tales cualidades sociales, la importancia primordial de los animales inferiores la cual nadie disputa, fueron sin duda adquiridas por los progenitores del hombre de manera similar, específicamente, a través de la selección natural, con la ayuda del hábito heredado.
-Charles Darwin

Respeto a la autoridad
Somos mucho *más deferentes con la autoridad* que lo que cualesquiera de nosotros prefiere admitir. Esto se reveló en un conjunto de experimentos famosos llevados a cabo por Stanley Milgram, psicólogo de la Universidad de Yale, a partir de 1961. Milgram demostró que alrededor de dos tercios de los individuos normales seguirá administrando una descarga eléctrica a un "aprendiz" indefenso, en contra de sus propios deseos, si una autoridad le ordena hacerlo.

Si no estás familiarizado con los experimentos de

Milgram, toma unos pocos momentos e investígalos en la red. Te sorprenderás tanto por los experimentos originales como por los que han replicado los hallazgos de Milgram.

Las emociones de respeto y admiración forman parte de nuestra constitución, diseñada para motivar nuestros comportamientos hacia aquellos en el poder y los más altos en la jerarquía social. Esos sentimientos son un blanco fácil para las religiones. Honra a tu padre y a tu madre. Alaba y sométete a cualquier dios (es) que gobierne tu fe particular.

Moralidad

La segunda parte de la primera definición de religión dada por Dictionary.com es ". . . y a menudo contienen un código moral que rige la dirección de los asuntos humanos". Hay quienes dicen que sin religión el hombre sería amoral y sin ley. Ellos están simplemente equivocados.

Nacemos animales morales. No necesitamos a la religión para evitar ser monstruosos inmorales como algunas religiones nos quieren hacer creer. Si nuestros antepasados no hubiesen tenido sentido del bien y del mal, sin embargo sus grupos interpretaron los términos, no podrían haber sobrevivido por mucho tiempo en los grupos sociales.

Además de la presencia de neuronas refractoras, que discutiremos en el capítulo 9, otra evidencia refuta el concepto que la moralidad es comportamiento aprendido solamente, sin aspectos innatos.

La arrogancia humana nos lleva a pensar que somos los únicos seres morales. Otros animales demuestran empatía, compasión, dolor, consuelo, ayuda, perdón, confianza, reciprocidad y sentido de justicia, venganza, rencor, y mucho más. Una vez reconocidos, esos rasgos fueron minimizados a "bloques de construcción" de la moralidad humana. En su lugar, deberían considerarse como la composición de los sistemas morales evolutivos necesarios para un comportamiento particular social de las especies.

La evolución del comportamiento moral va de la mano con la evolución de la socialidad. Complejidad social construye complejidad moral. Y nosotros somos una especie muy social.

En su investigación pionera, Paul Bloom, profesor de psicología de la Universidad de Yale y su equipo se dieron cuenta que los niños tan pequeños como de tres meses de edad tienen un sentido innato de lo correcto e incorrecto, del bien y el mal, incluso de lo justo e injusto.

Cuando se muestra una marioneta subiendo una montaña, ya sea ayudada u obstaculizada por una segunda marioneta, los bebés se orientan hacia el títere cooperador y se alejan del segundo. Fueron capaces de hacer un juicio social evaluativo, es decir, una respuesta moral. El nota que "a menudo es beneficioso para los seres humanos trabajar juntos. . . lo que significa que habría sido adaptable para evaluar la bondad y maldad de otros individuos. Todo esto es razón para considerar lo innato de por lo menos los conceptos morales básicos".

El ejemplo que te dimos en el capítulo 5, sobre un niño pequeño jugando con una pelota en el suelo, proviene del trabajo de Michael Tomasello, el psicólogo de desarrollo que codirige el Max Planck Institute for Evolutionary Anthropology en Leipzig, Alemania. Él y sus colegas han producido una gran cantidad de investigaciones que demuestran capacidades innatas en los niños pequeños. El argumenta que nacemos altruistas pero que luego tenemos que aprender interés propio estratégico.

El grupo de Tomasello demuestra la habilidad de los niños para evaluar una situación y participar en conductas de ayuda compleja, repleta con un sentido de justicia claro. El video de Félix Warneken de pequeños tropezándose lejos de sus madres para ayudar a un hombre alto a abrir un armario trae atención al punto con deleite.

Nuestros sistemas morales son como nuestra gramática innata; todos tenemos la capacidad de aprender un idioma, y aprendemos el lenguaje de nuestra cultura. Todos nosotros tenemos sistemas morales, y aprendemos los valores morales de nuestra cultura. Los internalizamos, y esos valores colorean nuestras respuestas intuitivas, automáticas, emocionales y morales. Conocemos la diferencia entre el bien y el mal aún sin la religión.

Nuestra moralidad parece ser un sistema de dualidad que involucra procesos tanto inconscientes como automáticos, así como una conciencia después del hecho que se localiza en áreas específicas del cerebro.

Parece que nuestros procesos morales emocionales residen en la corteza orbito frontal, en la parte media inferior de nuestros cerebros. Esas áreas monitorean constan-temente nuestro medio ambiente, en particular nuestro entorno social, y nuestro lugar en él. Cuándo hay alteraciones en ese entorno, reaccionamos automáticamente. Si la alteración es positiva, nos acercamos; y si es negativa, la evitamos. Hay un proceso instantáneo, evaluativo y emocional.

Varias áreas desencadenan nuestras respuestas morales. Daños e injusticia son los primeros, y si vemos violaciones en esos dominios, respondemos. Todas las personas responden a ciertas señales de forma automática, aunque las diferencias culturales aprendidas determinan la intensidad y los matices de nuestras respuestas.

Aunque todos somos mucho más deferentes con la autoridad que lo que cualquiera de nosotros sospecha, como los experimentos de Milgram lo demuestran, tenemos emociones morales que nos ayudan a negociar nuestras re-laciones con la autoridad, lo que nos permite definir de alguna manera a que grupos somos leales. Cuando consideramos que sus acciones son buenas, las defendemos. También identificamos los grupos externos que nos inspiran desconfianza, determinando cuales son sospechosos y no son de confianza hasta que se demuestre lo contrario. Las religiones han servido como un mecanismo dispuesto para definir los grupos externos que merecen morir.

La pureza parece ser otra dimensión de nuestras emociones morales automáticas. Tal vez surgió de nuestros sentimientos de repugnancia a la carne podrida, lo que nos protegió de enfermedades, pero la reacción de asco puede ser trasladada a las relaciones sociales. La repugnancia se ha convertido en una emoción poderosa moralizante, traída para aumentar la crítica y la condena. A menudo se enfoca hacia aquellos etiquetados como el grupo externo. Los sentímientos de pureza informan a nuestros sentidos acerca de la gente, los lugares o elementos etiquetados como sagrados, y nuestro malestar cuando los rituales o lo sagrado son violados o "contaminados".

Nuestros sentimientos conscientes son procesos de racio-nalización que nos permiten justificar nuestras respuestas emocionales automáticas. Para entender ésto, compara las respuestas morales a los juicios estéticos. Cuando ves una pintura que te gusta, te gusta y punto. Te mueve de alguna manera. Cuando te preguntan porqué, encuentras razones, pero son esencialmente racionalizaciones que pueden o no relacionarse del todo a que la reacción visceral fue positiva.

Contamos con reacciones morales automáticas similares, luego como un buen abogado podemos construir un caso consiente para justificarlas. Ese parte "abogado" de nuestro cerebro que se localiza en la corteza cerebral, la capa externa del cerebro, dará las razones para cualquier reacción moral y construirá nuestro caso. A veces esa parte de nuestro cerebro puede invalidar nuestra respuesta emocional y podríamos encontrar a alguien que "instintivamente" detestamos sin culpa.

Dado que gran parte de nuestros procesos morales emocionales son inconscientes, la religión puede hacer la vida más fácil asignando para nosotros razones conscientes a sentimientos que surgen aparentemente de la nada y sin procesamiento consciente.

Es muy posible no ser religioso y también moral. Pero si sigues el texto exacto de la Biblia, podrías vender a tu hija engreída como esclava (Éxodo 21:7). Otras obras religiosas contienen disposiciones igualmente extrañas. Las escrituras antiguas parecen llenas de consejos morales que suenan todo menos moral para el oyente moderno. Cuanto menos sigas las escrituras sagradas, y mientras más usas tus intuiciones morales básicas, es probable que seas más moral.

Moralidad genuina es hacer lo que es correcto a pesar de lo que nos puedan decir; la moral religiosa es hacer lo que se nos dice. El poder de la religión nos da razones poderosas para hacer lo que nos dicen. La religión nos permite ser parte de un grupo en que se cosecha la recompensa eterna o evita que nos quememos en el infierno por eternidad.

Las personas que han abandonado la religión también te dirán que tener una creencia religiosa es mucho más fácil que no tenerla, lo cual requiere mucho menos esfuerzo mental que tomar decisiones propias por uno mismo.

Psicología del parentesco

Los seres humanos evolucionan y nacen con mecanismos mentales elegantes para reconocer y relacionarse con los familiares, para favorecer parientes sobre desconocidos. Esto se refleja en el dicho viejo, "Yo contra mi hermano; mi hermano y yo contra mi primo; mi hermano, mi primo y yo contra los extraños".

Estos sentimientos de parentesco son cruciales no sólo para nuestra supervivencia, sino también para la supervivencia de las copias de nuestros genes que residen en nuestros parientes. Evolucionamos para favorecer aquellos con nuestros genes sobre los que no los tienen.

Las religiones evocan y explotan emociones de parentesco. El catolicismo romano es un ejemplo perfecto. Las monjas son "hermanas" o incluso "madres superioras," los sacerdotes son "padres", los monjes son "hermanos", el Papa es el "Santo Padre", y la religión en sí se conoce como la "Santa Madre Iglesia".

La explotación de las emociones familiares es fundamental para el reclutamiento y la formación de los bombarderos suicidas de hoy y la sumisión al grupo y a su dios. Señales de parentesco son manipuladas. Los reclutadores carismáticos y los entrenadores crean células de parentesco ficticio, pseudo-hermanos indignados por el tratamiento de sus hermanos y hermanas musulmanas y separadas de parientes verdaderos. La atracción a tal tipo de martirio no es sólo la fantasía sexual de múltiples vírgenes celestiales, sino la oportunidad de darles entrada al paraíso a parientes escogidos.

Un informe del 18 de junio del 2010, de la Associated Press ilustra ampliamente el uso del parentesco por la religión: "un insurgente de Al-Qaeda disparó y mató a su propio padre mientras dormía en su cama por negarse a renunciar a su trabajo como intérprete iraquí para la armada de los EE.UU.". En esta situación, el poder extraordinario de "parentesco" religioso triunfó sobre el parentesco real, anulando no sólo las emociones de parentesco individual sino un tabú cultural general contra el parricidio. Esto muestra cómo las religiones verdaderamente pueden llegar a ser peligrosas.

Y la pérdida singular de vida civil americana más grande en un desastre no natural hasta los acontecimientos del 11 de Septiembre se produjo a causa de la religión, cuando un total de 918 personas murieron en Jonestown -909 de ellos se suicidaron, algunos matando a sus propios hijos antes de beber un ponche con cianuro. La comunidad había sido fundada por Jim Jones, el carismático "padre" del Templo del Pueblo, un culto religioso que él creó.

¿Por qué esas 909 personas confiaron sus vidas a un loco?

Señalizaciones costosas

¿Cómo se puede confiar en una persona que se compromete a hacer algo? Tu confianza aumenta si la promesa viene con una *señal costosa de compromiso*, difícil-de-fingir, *honesta*: un depósito de 1.000 dólares por adelantado; un anillo de diamantes, auto-flagelación en el nombre de un dios; desarraigándote tu mismo y tu congregación o tu familia para crear una ciudad completamente nueva en América del Sur.

Las señales de compromiso costosas, honestas y difíciles-de-fingir son parte de nuestras relaciones. Las religiones utilizan estas muy bien. Nos atraen para comprometernos con ellas y para sacrificar nuestra sangre, sudor, fatigas, lágrimas, cambio de monedas, grandes fortunas, e incluso nuestra propia familia.

¿Cómo juzgo tu compromiso con la fe y para conmigo como un hermano en la fe? Veo tu participación costosa, difícil-de-falsificar en los rituales de nuestra fe -rituales que son a menudo largos, tediosos, incómodos, y exigente financiera y físicamente.

8

DONDE DOS O MAS
SE REUNEN

Aprovechando la química
del cerebro a través del ritual

La formación de idiomas diferentes y de distintas espe-
cies y las pruebas que ambos han sido desarrollados a
través de un proceso gradual, son curiosamente para-
lelas.

-Charles Darwin

Al igual que las ideas y las creencias religiosas, los rituales
religiosos son subproductos de mecanismos mentales
diseñados originalmente para otros fines.

Los rituales mantienen, transmiten y propagan las
creencias a través del tiempo y el espacio. Hemos visto cuán
vulnerable es la mente individual para generar, aceptar y
creer las ideas religiosas. Si el proceso se detiene allí, las
creencias religiosas podrían ser retenidas vagamente.
Pero mediante la movilización de los productos químicos

potentes del cerebro que despiertan intensas experiencias emocionales y dan lugar a sentimientos tan diversos como la autoestima, el placer, el miedo, la motivación, el alivio del dolor, y el apego, el ritual crea un conjunto mucho más fuerte que la suma de sus partes. La naturaleza del grupo de ritual toma las mentes individuales ya preparadas para la creencia y las arroja en un circuito continuo de refuerzo mutuo, creando una congregación volátil de fuerzas conscientes e inconscientes.

En cierto sentido hay una sola religión verdadera, las creada por nuestros antepasados cazadores-recolectores, el Homo sapiens original, en África, hace unos 50.000 a 70.000 años. Nuestra ventana al pasado, cuando estos rituales fueron creados, proviene de tres poblaciones sobrevivientes de cazadores-recolectores.

Primero están los Kung San de África, que hasta hace poco vivían un estilo de vida cazador-recolector. El segundo es una tribu que vivía aislada del mundo hasta el siglo XX, en la Bahía de Bengala Islas Andamán; se considera sus miembros descendientes de la banda original de los seres humanos que salieron de África, viajaron al sur alrededor de la Península Arábiga, luego alrededor de India, y en última instancia en Indonesia y Australia. En tercer lugar están los aborígenes australianos, que según la evidencia genética, vinieron de África en una ola.

Estas tres tribus tienen religiones asombrosamente similares. Todas ellas se basan en la canción, la danza y el trance. ¿Por qué? Resulta que esas son actividades que conectan algunas de nuestras sustancias químicas más poderosas del cerebro, las que influyen el placer, el miedo, el amor, la confianza, la autoestima y el afecto. Tan poderosa fue la religión que nuestros antepasados descubrieron que si se mira de cerca, todavía ves ecos de esta primera religión en todas las creencias religiosas en el planeta hoy en día. Así como todos somos hijos e hijas de ese pequeño grupo de cazadores-recolectores que vagaban por África hace menos de cien mil años, también lo son todas nuestras religiones derivadas del descubrimiento del poder del canto, la danza y el trance.

La química cerebral del Ritual

Las células dentro del cerebro se comunican a través de neurotransmisores, permitiendo que las señales pasen de célula a célula.

Cada animal con un sistema nervioso central tiene *serotonina*, el más antiguo de una clase de neurotransmisores llamado mono aminos. Las neuronas de serotonina residen en el tronco cerebral y envían proyecciones por todo el cerebro por una variedad de razones, incluyendo el movimiento motor repetitivo y crudo. Pero lo más importante de este tema es que la serotonina también regula químicamente nuestra autoestima de acuerdo con la retroalimentación social.

Si me despiden de todos mis trabajos, mis niveles de serotonina y actividad disminuirán, y la pérdida de la posición social es probable que genere una depresión, irritabilidad e impulsividad en mí. Por otro lado, si a ti, el lector, te hacen presidente de los Estados Unidos, quieras o no el trabajo, tus niveles de serotonina y actividad aumentarán y te sentirás más apreciado. Los antidepresivos modernos tales como Prozac aumentan la actividad de la serotonina.

Mientras te sientas tranquilamente a leer esto, las neuronas de serotonina en tu tronco cerebral van a alrededor de tres ciclos por segundo. Cuando estás despierto, moviéndote, están disparando cinco ciclos por segundo. Si ejercitas intensamente, tu serotonina se dispara.

Otro neurotransmisor mono amino de cierto renombre es la *dopamina*, por lo general asociado con el placer. Un área rica en dopamina de nuestro cerebro llamada núcleo accumbens se ilumina con placer en respuesta a ciertos estímulos, como la alimentación, sexo, y drogas. Esto es lo que desencadena la respuesta "hazlo-nuevamente" a la comida rápida.

Sin embargo, la dopamina es más que el simple químico del placer. La dopamina está involucrada en la función muscular, el movimiento motorizado refinado, el comportamiento compulsivo repetitivo y la perseverancia, la repetición incontrolable de una respuesta determinada. Fue un equivalente a la dopamina lo que revivió temporalmente a los pacientes catatónicos que estaban siendo tratados por el neurólogo Oliver Sacks, quien registró el fenómeno en su libro en 1973, *Despertares*, posteriormente simulado en una película del mismo nombre en 1990. La dopamina ayuda también a marcar las cosas en nuestro cerebro como importantes, para darles prominencia y para anticipar en una recompensa.

El último de los neurotransmisores mono amino son la *epinefrina* y la *norepinefrina*, mejor conocida como adrenalina y noradrenalina. La adrenalina aumenta nuestro ritmo cardíaco, nos hace sentir ansiosos, centra nuestra atención, y nos hace sudar. Proporciona ráfagas temporales de fuerza, lo que nos permite huir o luchar y a veces nos permite logros físicos que de otra manera serían imposibles, como una madre que levanta un coche para liberar a su hijo.

La *oxitocina* es de interés especial en los ritos religiosos debido a sus propiedades de unión. Durante el parto, el cerebro de la madre libera una dosis masiva de oxitocina en respuesta a la dilatación cervical y vaginal. La lactancia provoca la respuesta de bajada de leche, lo cual estimula más oxitocina. La oxitocina libera otras conexiones de la madre y la ayuda a enfocarse, dedicarse y unirse al bebé. La oxitocina también aumenta durante la excitación sexual y el orgasmo lanza una buena cantidad de ésta.

La *oxitocina* genera confianza, amor, generosidad y empatía en ambos sexos. Reduce el miedo y probablemente tiene un impacto positivo sobre todas nuestras emociones sociales. Las primeras religiones que fueron capaces de utilizar la *oxitocina* podrían haberse insinuado asi mismas como las emociones potenciales más poderosas, placenteras y peligrosas para el hombre.

Las *endorfinas*, los últimos neuroquímicos de importancia específica para la religión, son nuestros opiáceos internos; la palabra en realidad se deriva del término "morfina endógena". La función principal de las endorfinas es bloquear el dolor cuando ocurre una lesión, y son producidos por el ejercicio, excitación, dolor, tacto, risa, música, orgasmo, ají, y la placenta.

Si a un corredor le hacen un escáner cerebral después de una carrera larga los receptores de endorfinas estarán iluminados. El aumento de las endorfinas es lo que causa "la euforia de un corredor" y ocurre con el ejercicio vigoroso por una razón.

Para nuestros antepasados, la razón de esta explosión de endorfinas era la sobrevivencia. El ejercicio estrenuo generalmente señalaba un riesgo considerable de lesión, ya sea porque estaban cazando o estaban siendo cazados. Si la lesión ocurría, sus cerebros estaban preparados para ello, proporcionando un químico para aliviar el dolor que también permitía una sensación de control y poder, por lo menos hasta que todas las amenazas pasaban. Esta es la razón por la que los guerreros de fin de semana de hoy en día pueden continuar su actividad más allá de lo que normalmente serían los límites de dolor -por lo menos hasta el próximo día- al igual que sus antepasados habrían estado a salvo de una amenaza inmediata.

Las endorfinas también facilitan los vínculos sociales y aumentan la liberación de dopamina. Este ciclo es único de los neurotransmisores. Aunque cada uno tiene una función específica, se sobreponen y se estimulan entre sí, creando combinaciones únicas que puede ser explotadas para fines específicos, lo cual nos lleva a los rituales religiosos.

Sin el conocimiento de neuroquímica, de alguna manera nuestros antepasados se tropezaron con combinaciones de actividades que podían estimular y aumentar la serotonina, dopamina, epinefrina, norepinefrina, oxitocina y las endorfinas, creando una actividad cerebral única con esas combinaciones. Y esa es la clave para entender el lugar duradero de los rituales en todas las culturas porque, literalmente, no hay nada como éstos.

La palabra religión deriva probablemente del latín "*religare*", lo que significa "atar o ligar". Los rituales religiosos inventados por nuestros antepasados capturaron nuestra química en una forma humana única, singular que ataba a la gente y facilitaba los vínculos sociales.

Para sobrevivir en un ambiente hostil, nuestros antepasados establecieron grupos sociales, lo que creó todo un conjunto nuevo de problemas. Los grupos experimentaron diferencias interpersonales y disputas, que podían causar la perdición del grupo si no eran resueltas. Pero dentro de una especie tan social como somos nosotros, la anarquía no era una opción evolucionista. Si un miembro actuaba de manera contraria a la supervivencia del grupo, un individuo o un subgrupo que se atrevía a disciplinar a ese miembro corría el riesgo de la venganza de los amigos o parientes del infractor. Pero las fuerzas invisibles -antepasados muertos o dioses- podían determinar el castigo y reforzar la grupalidad fácilmente y con vigilancia constante. Investigaciones recientes apoyan esta hipótesis. En un estudio acerca de los efectos de la religión sobre el castigo, Ryan McKay y sus colegas en Zúrich, Suiza e Inglaterra han demostrado que los participantes que recibieron sugerencias subliminales religiosas (preparación religiosa) cuando determinan el castigo de comportamiento injusto en otros, tienden a castigar más severamente que otros. Los participantes fueron preparados subliminalmente con premisas religiosas, premisas seculares de castigo o control. La religión aumentó costosamente el castigo, superando claramente los otros dos grupos. Los dos mecanismos fueron operativos. El primero fue un mecanismo "vigilante sobrenatural". Los participantes religiosos castigaron las conductas injustas cuando los preparaban, porque sentían que el no hacerlo enfurecería o decepcionaría al observador sobrenatural. El segundo mecanismo implicaba la activación religiosa de las normas culturales sobre la justicia y su aplicación.

Por lo tanto, la creación de los dioses o ancestros sobresalientes hizo eminente, aunque inconsciente, el sentido y la creación de rituales para ayudar a comunicarse con esas fuerzas invisibles que eran el próximo paso lógico probable. Pero si el ritual primero invocó a otros invisibles y poderosos, ¿cómo hicieron nuestros antepasados para llegar a creer en determinadas deidades invisibles o aceptar que los antepasados muertos aún podían mantenerse en el poder?

Bueno, volvemos a los componentes básicos de la creencia -la percepción de un poder superior a nosotros mismos, el sentido de poder comunicarse o interactuar con dicha potencia, y así sucesivamente.

Ahora como entonces, dios era un producto de la mente- o, más precisamente, un subproducto de los mecanismos cognitivos de la mente.

El papel de los sueños en el Ritual y el Trance

Lo más probable es que nuestros antepasados literalmente soñaron los dioses. Hoy en día, sabemos que los sueños son un producto de nuestro cerebro, que nos pueden dar una idea de nuestra vida emocional y aceptamos que pueden o no tener sentido. Freud llamó a los sueños el "camino real hacia el inconsciente".

Pero por lo que sabemos, nuestras sociedades ancestrales recónditas no incluyen terapistas calificados, e incluso los mejores científicos y terapistas de hoy no pueden estar del todo seguros cómo o por qué soñamos las cosas que soñamos. Pero nuestros antepasados soñaron también y tenemos razones para creer que ellos creían que los sueños eran singularmente poderosos.

A partir del siglo V AEC, los antiguos griegos, una civilización relativamente reciente e ilustrada, construyó centros de incubación, templos dedicados a Asclepios, el dios de la curación. Los ciudadanos iban a los templos a dormir e inducir sueños a través del ritual, el ayuno y la oración, utilizaban la información de los sueños para la curación y creían que los dioses se dejaban ver en los sueños. Los antiguos egipcios también vieron los sueños como una fuente clave de información divina.

Remóntate más atrás en el desarrollo humano, e imagínate un cazador-recolector dormido en las llanuras de Africa diez milenios atrás, visitado por un pariente muerto en un sueño que aparentemente no tenía sentido. Pareciera lógico aceptar las perspectivas de los sueños extraños como una realidad invisible, acaso otro mundo lleno de espíritus ancestrales más sabios y más poderosos o algunos tipos de deidades que podían ofrecer orientación.

Combina ésto con una sensación de asombro ante el mundo natural, mezcla la cognición desacoplada, que como ya se ha demostrado nos permite aceptar seres invisibles, y podríamos tener los inicios de los dioses.

Nunca sabremos exactamente cómo nuestros antepasados remotos crearon los primeros dioses. Los dioses pudieron haber sido creados también como personificaciones y explicaciones de fuerzas naturales como el fuego, que todavía está presente en los rituales de la mayoría de las religiones del mundo, en forma de velas. Imagina nuestros antepasados haciendo fogatas la primera vez. Debe haber parecido verdaderamente milagroso. Combina eso con los cambios drásticos del clima, los volcanes, el sol, la luna, y otras maravillas naturales. Como con todos los otros poderosos fenómenos psicológicos, había sin duda, múltiples determinantes de esos primeros seres sobrenaturales.

Con los inicios de dioses probablemente vino un deseo de comunicarse con ellos, para llegar a ellos a voluntad, no sólo durante el sueño. Al igual que los descendientes griegos antiguos, si nuestros antepasados querían estar deliberadamente en unión con ese mundo de fantasía, en lugar de confiar en encuentros casuales en el sueño, tuvieron que construir su propio «camino real». Por lo tanto es muy posible que hayan aprendido, lo más cerca posible, a crear trance, un despertar, un estado deliberado de vigilia, a través de la danza, tambores y cantando durante horas o días enteros. Al igual que ciertas culturas nativas americanas, ellos podrían haberse aislado y experimentando con privación sensorial causándoles el sentir la presencia de otro, sintiéndose al unísono con todo. El ayuno puede alterar las percepciones e incluso causar alucinaciones. La mayoría de las religiones adoptan el ayuno, tal vez porque el efecto exalta la visión. A medida que nuestros antepasados crearon estos rituales, con el tiempo aprendieron a impulsar esos neurotransmisores y crearon la biotecnología de cohesión de grupo.

También es probable que nuestro dispositivo detector de organismos hiperactivos, antes mencionado, que tiende a atribuir agencia humana a lugares o sonidos abstractos, se sobre alimentó por los neuroquímicos durante el ritual, lo que predispuso a nuestros antepasados a creer no sólo en los antepasados invisibles, sino que también en otras entidades similares a las humanas.

Los primeros rituales se centraron en las actividades o cosas que ahora sabemos pueden alterar la química del cerebro: la música, el canto, la actividad rítmica intensa, y las emociones fuertes, combinadas con la falta de sueño. Muchos rituales eran literalmente exhaustivos, con la gente bailando y cantando toda la noche o por más tiempo.

Esa actividad intensa y prolongada elevaba las sustancias químicas del cerebro a su nivel máximo.

Nuestros ancestros probablemente encontraron que la danza (y posiblemente ciertas sustancias) inducían el trance y el ritual permitían lo que parecía ser el acceso deliberado a seres invisibles. También fue una validación pública de la existencia de otro mundo, y de los espíritus invisibles dentro de éste. Considera cómo la palabra «Entusiasmo» viene del griego «enthousiasmos», que significa «poseído o inspirado por dios».

Durante el ritual, el foco estaba en la comunidad, no en el individuo, y los rituales podían crear y transmitir morales o lecciones importantes para la supervivencia del grupo. Los rituales lograron lo que los individuos no pudieron: ellos podían evocar un mundo de peligros invisibles, específicamente el de los antepasados muertos, para los miembros de la tribu que se salían de línea.

Estos rituales religiosos iniciales generalmente marcaban ritos de paso: nacimiento, pubertad, matrimonio y muerte. El antropólogo Rodney Needham ha observado que en las sociedades de cazadores-recolectores que quedan hoy, la percusión juega un papel importante marcando las transiciones de la vida. Los rituales centrados en transiciones marcados por percusión, siguen siendo prominentes en todas las culturas hasta hoy en día. Los remanentes sobreviven en las fraternidades universitarias, donde los inicios de novatos representan esta tradición de ritos de iniciación a veces mortales, aterrorizantes, dolorosos. Incluso una ronda de baile intenso parece un frenesí ritualista.

Las tres tribus sobrevivientes que nos brindan una ventana al pasado usaban los rituales para introducir los hombres a los secretos de la tribu. Los rituales de iniciación pueden ser dolorosos y aterradores, liberando de esa manera los neuro-químicos relevantes y el vínculo que resulta fortalece la tribu. Tales rituales fortalecen a los hombres para la guerra, para que sean leales, e instilan valor y apego a los acuerdos de la tribu.

Los aborígenes australianos de hoy llaman la época anterior a la historia «El Ensueño», cuando los seres míticos deambulaban por la tierra, luchando, cazando y creando el mundo natural. Aun hoy en día, los rituales específicos generalmente se mantienen en secreto para los de afuera, lo que continúa creando una poderosa unión de grupo. Sabemos que las ceremonias aborígenes son largas, a menudo consisten en corear o cantar los mitos de Ensueño, contemplando los objetos sagrados, e introduciendo mitos y objetos a los principiantes. Los rituales incluyen el baile e imitan las acciones de animales totémicos, aplausos, golpes de palos o piedras y, en algunas partes de Australia, el tocar didgeridoos.

El ritual como mecanismo de sobrevivencia

Los rituales religiosos de nuestros antepasados solucionaron varios problemas al mismo tempo. Un grupo podía evocar un castigo para los infractores, resolver conflictos, detectar los oportunistas, resolver disputas, cancelar deudas y crear un escenario en el que las señales honestas, costosas y difíciles de falsificar podían ser recibidas y examinadas. Los rituales pudieron incluso haber resuelto un problema muy simple de supervivencia intimidando a los depredadores.

Estas religiones tempranas probablemente no tenían sacerdotes ni jerarquía eclesiástica. Puede que haya habido machos alfa o ancianos que crearon las posiciones de cuasi-liderazgo que más tarde dio lugar al chamanismo, pero los mensajeros corpóreos de lo invisible que separaban las "profesiones" sacerdotales que se asemejaban al clero moderno de hoy en día, probablemente no existían.

Como Nicholas Wade nota en su libro *El instinto de la Fe*, los rituales generan un intenso sentimiento de unión y de temor, y un deseo de poner el interés del grupo por encima del personal, "lo ata un enlace inteligente". Perdemos nuestro sentido del yo y llegamos a estar profundamente unidos a los que conocemos y con los que cantamos y bailamos durante una noche larga.

El registro arqueológico y antropológico apoyan la conclusión que nuestros antepasados cazadores-recolectores mantuvieron estos ritos a donde fuera que emigrasen. Sus ritos movibles, duraderos siguieron centrándose en la canción, la danza y el trance.

Las sociedades sedentarias surgieron hace 15.000 años atrás; la agricultura se inventó hace 10.000 años atrás. Aunque hoy en día existen pocos, si tal vez alguno, cazadores-recolectores verdaderos, la religión creada por nuestros antepasados cazadores-recolectores se ha vuelto demasiado poderosa para ser descartada, y aunque nos adaptamos, la religión también lo hizo.

La humanidad se convirtió esencialmente agraria. La religión tomó el ritmo de las estaciones tan importante para la agricultura y vemos ese legado hasta este día. El paganismo y panteísmo crearon Oestra, el festival de la primavera. En el judaísmo, Sucot marca el final de la cosecha de alimentos. La pascua es el comienzo del festival de cebada. Shavuot marca el final de la cosecha de trigo. El cristianismo incorporó estos ritos a la semana santa y a otros días de festivos.

Con el surgimiento de sociedades alfabetizadas hace aproximadamente 5.000 años, el acceso a lo sobrenatural ya no era un compromiso democrático. Las castas sacerdotales aliadas con el poder político pusieron restricciones. Los sacerdotes o chamanes aprendieron que tenían poder sin responsabilidad, que podían culpar a las deidades por fracasos ya firmemente arraigados, por los cuales ellos afirmaban ser simples mensajeros.

Los primeros rituales de la canción, la danza y el trance eran niveladores sociales, uniendo a una comunidad y re-definiendo cualquier jerarquía que existía. El movimiento hacia las sociedades sedentarias y la civilización creó una mayor estratificación social. En algunas religiones, los bai-les, con sus efectos creadores de igualdad social, fueron finalmente desterrados, pero el movimiento rítmico se mantuvo. No busques más allá de los rezos coordinados en Islam, masas de hombres, alineados simétricamente, arrodillados y postrándose al unísono, como una especie de pista de baile. O ve a una misa católica romana y observa la genuflexión ante el altar, el arrodillarse, sentarse y pararse alternadamente durante la misa, y considera el papel del canto Gregoriano en los rituales Latinos de la iglesia tan reciéntemente como la década de 1960. Mira el poder de la música evangélica en las iglesias tradicionalmente afro-americanas, con raíces en la danza africana y el ritual.

En otras religiones, vemos el poder de los rituales principalmente porque son muy temidos. Algunos bautistas sureños nunca hacen el amor de pie para que Dios no piense que están bailando. Los bancos en las iglesias cristianas no comenzaron como asientos; eso fue una ocurrencia que surgió posteriormente. Los bancos se colocaron originalmente en iglesias europeas en el siglo XVI para prevenir el baile. Permanecen pero a menudo fracasan en limitar a los fieles en algunas de las congregaciones más demostrativas.

Para nuestros antepasados, el canto y el baile, la música y el movimiento, eran todo uno.

Los orígenes de la música todavía son objeto de debate. Es un subproducto de otros mecanismos, las vocales duras y las consonantes originalmente, ¿puestos al compás de un corazón latiendo? ¿O es la música una adaptación independiente? Darwin pensaba que la música era uno de los mejores ejemplos de su idea de selección sexual.

"Mi conclusión es que las notas musicales y el ritmo fueron los primeros adquiridos por los progenitores masculinos o femeninos de la humanidad en aras de hechizar al sexo opuesto. Los tonos musicales quedaron firmemente asociados con algunas de las pasiones más fuertes que un animal es capaz de sentir". Darwin observó que muchas de las emociones inducidas por la música tienen que ver con el amor.

Esto apunta a otro aspecto de los ritos religiosos originales. Considéralos una versión temprana de la plaza de baile de la noche del sábado, un lugar para buscar y evaluar posibles compañeros. ¿Qué mejor manera para evaluar la fuerza, la coordinación, el carácter, el cometido al grupo, y el punto de vista de otros acerca del individuo que te gusta? El canto, el baile y el trance son difíciles de falsificar, son señales honestas de "valor de pareja".

Precaución

Por cierto, has visto el atleta católico caminar a la línea para empezar una carrera y persignarse. Es un llamado a un dios y una forma de aliviar la ansiedad. La estrella del baloncesto, Lebron James, tiene un ritual antes del inicio de cada partido. Él se pone talco en sus manos, aplaude, con el polvo proyec-tándose en todas las direcciones, y luego lanza el resto al aire hacia los animados fans, una manera de estimular la confianza y una forma de reducir la ansiedad. Tales acciones repetitivas obsesivas sirven como medio para disipar el miedo.

Sigmund Freud pensaba que la religión era un trastorno obsesivo-compulsivo de la sociedad y que ese trastorno obsesivo-compulsivo era la religión privada de un individuo.

Él vio la conexión pero no tenía las herramientas para comprenderlo totalmente. Ahora sabemos que el cerebro tiene sistemas vigilantes de precaución que pueden ser activados para tomar una acción estereotipada o repetitiva para calmar la ansiedad. Estos mismos mecanismos se utilizan en los rituales religiosos y ayudan a aliviar la ansiedad generada por la incertidumbre o riesgo, ambos inherentes a la vida, pero especialmente en el mundo despiadado, peligroso de nuestros antepasados.

Sincronía y Unión

Los rituales religiosos utilizan nuestras neuronas refractoras que serán discutidas en más detalle en el capítulo 9. El propósito original de estas neuronas refractoras probablemente era ayudar a preparar un organismo para aprender y hacer nuevos movimientos. Los rituales religiosos toman ventaja de esto. Es difícil no bailar cuando la gente alrededor de uno está bailando y las neuronas refractoras lo hacen más fácil de hacer en sincronía coordinada. La investigación de Stanford Business School ha demostrado que el sólo participar en una actividad unísona, incluso sin participación muscular intensa, aumenta la cooperación y el sentimiento que lo acompaña. Hay una diferencia en cómo te sientes acerca de otros cuando paseas como grupo o caminando, aun relajado, al mismo paso de ellos.

Agrega actividad muscular intensa y te elevas a otro nivel. Si el movimiento sincrónico implica actividad muscular vigorosa, la tolerancia al dolor aumenta. Un experimento novedoso en Oxford University comparaba a remadores trabajando juntos y solos en máquinas de remo. Cuando el experimento era controlado por la cantidad de trabajo producido, era evidente que un individuo remando con otros al mismo nivel de salida tenía un nivel de tolerancia más alto por el dolor que cuando la persona trabajaba sola con la misma intensidad. Las endorfinas aumentan con las actividades en grupo. Y sabemos que las endorfinas mejoran los lazos sociales.

Considera Woodstock, un momento decisivo, no sólo para la gente que estaba allí, pero para toda una generación. Ese evento es notable por su falta de violencia y conflicto, por las masas de gente unidas bajo condiciones adversas, trabajando juntos, celebrando la juventud con música, danza, sexo, camaradería, y si también, drogas que alteran la mente, meros complementos de la química del cerebro que la atmósfera y la sincronía hubiesen emitido igualmente.

Incluso vemos el poder de la alianza del ritual en algo tan simple, tan americano y tan omnipresente como el "pep rally" de la escuela secundaria, diseñado para unir a toda la población estudiantil para que se oponga al rival.

La magia del tacto

Los primates gastan una cantidad que parece excesiva de tiempo en aseo personal entre sí, probablemente por razones que van más allá de la salud o la eliminación de los parásitos. La evidencia sugiere que el tacto estimula la oxitocina para iniciar la unión social, y luego las endorfinas para fortalecerla.

Si le muestras a una mujer un escenario amenazante cuando ella no está de la mano de alguien, su amígdala, la parte del cerebro que controla el miedo, realmente se iluminará. Ella tiene miedo. Si ella está de la mano de un desconocido, el miedo se alivia algo. Si ella está de la mano de su compañero, se relaja aún más. Lo qué es aún más interesante, es el grado en que la mano de un compañero calma el miedo es directamente proporcional a cómo la mujer evalúa la calidad de la relación. Una buena alianza calma el miedo mejor que una menos buena.

Con el tacto, las áreas pre frontales de nuestro cerebro que regulan la emoción nos relajan y nos permiten concentrarnos en resolver el problema. El cerebro procesa una señal de apoyo como una indicación que otra persona compartirá la carga. Los seres humanos son las especies de primates más cooperadores, y el tacto ayuda a cimentar aquellas relaciones que resuelven problemas, a través de los cerebros de nuestros aliados.

Otra parte de la investigación muestra que los equipos de baloncesto que se tocan más les va mejor. Todas esas palmadas, golpes de pecho, palmadas en el trasero, y el contacto tras un tiro acertado o entre medio de tiros fallidos se traduce en un aumento de neurotransmisores que aumenta los sentimientos de cooperación, la solidaridad y la cohesión del grupo.

Una vez que nuestros antepasados, aunque

inadvertidamente, aprendieron a crear la química que mejora la confianza, el amor, la cooperación, y el altruismo no habia manera de devolverse. Inevitablemente, aquellas reacciones químicas increíblemente poderosas sobrecargaron los mecanismos cognitivos que permiten la creencia en lo sobrenatural, y la religión se puso en marcha.

Un pequeño experimento

Reflexiona por un momento. Piensa en alguien que te gusta o amas, y considera tus sentimientos por esa persona. Ahora haz una breve evaluación de tu propio estado emocional en ese instante. Luego pellízcate un poco la mano hasta que te duela.

Una vez que hayas tomado esas tres medidas, ponte de pie y canta una canción mientras te meces hacia atrás y adelante y te mueves al ritmo de tu voz. Si hay alguien contigo, pon tus brazos alrededor de sus hombros y mézanse mientras ambos cantan. Cuando hayas terminado, después que cualquier sensación incómoda se haya resuelto, repite las medidas. Nota cuál es tu límite de dolor cuando te pellizcas la piel. ¿Cómo te sientes acerca de ese alguien? ¿Cómo te sientes sobre ti mismo? (Puede que hagas caso omiso de cómo el vecino que te acaba de ver haciendo ésto a través de la ventana puede estar percibiéndote).

Cuando hago esto con el público, casi todos reportan cambios positivos en varios de los parámetros. (Imagina a las audiencias ateas cantando a todo pulmón cuatro estrofas de «Amazing Grace»). En este breve ejercicio, obtendrás una pequeña muestra de los cambios neuroquímicos provocados por la canción, el tacto y el movimiento rítmico. Y eso es sólo después de unos momentos. Imagina si lo haces toda la noche en las sabanas de África o en el desierto de Australia.

Si alguna vez has ido a un concierto de rock donde los aficionados que están de pie se balancean, cantan, y sostienen encendedores, o más recientemente, teléfonos celulares, salen del concierto eufóricos y renovados, has sentido el poder del ritual y del tacto.

Los rituales sirven como muestra del «valor de la pareja» y esto toca otros dos aspectos de nuestra humanidad utilizados por la religión.

Amor Romántico
Nuestras relaciones románticas son servidas por adaptaciones específicas en nuestro cerebro. El deseo sexual nos coloca en el campo de juego; el amor romántico resuelve el problema de dedicarse firmemente a una persona. La religión a menudo se nutre de esto y crea una relación de amor. Esto se refleja en la promesa de mártires musulmanes que se casaran en el cielo. El difunto jeque Yassin, asesor espiritual de Hamas, dijo que estaba bien que las mujeres fueran terroristas suicidas, sobre todo si eran solteras, porque llegaban a ser "más bellas que las setenta y dos vírgenes. . . se les garantiza un marido puro en el Paraíso". La promesa de setenta y dos vírgenes a los mártires suicidas es probablemente más lasciva que un romance, aprovechando el libido interminable de los

hombres enfocado en las mujeres jóvenes fértiles.

Las capacidades para el amor romántico son utilizadas extensivamente en la religión. Considera las cartas de la Madre Teresa publicadas recientemente en la que habla de estar casada con Cristo. De hecho, en la Edad Media, las ceremonias de consagración de monjas eran, en esencia, bodas completas con dotes para la iglesia. Incluso hoy en día, muchas órdenes de monjas se llaman a sí mismas "novias de Cristo" y algunas toman sus votos perpetuos en vestidos de novia y reciben y usan anillos de bodas.

En un encantador show de una sola mujer llamado *"Dejando ir a dios",* la comediante de Noche de Sábado en Vivo, Julia Sweeney revela que en su juventud, una pintura de Jesús la ayudó a aliviar sus deseos sexuales.

El sistema de apego, discutido en el capítulo 3, se involucra profundamente en nuestras relaciones románticas. Vamos de deseo a un intenso encaprichamiento romántico a amor de compañeros, con la última etapa basada en el sistema de compañeros.

Inversión de padres

La diferencia fundamental entre el comportamiento de los sexos no está totalmente determinada por el sexo genético. En vez, se determina por el comportamiento llamado *inversión de padres*, lo que refleja cual sexo tiene la mayor ventaja fisiológica en la descendencia, y por lo tanto la mayor inversión emocional.

En la mayoría de las especies sexuales, la mujer tiene la

mayor inversión de los padres. En la nuestra, por ejemplo, la mujer tiene que producir un huevo viable rico en nutrientes para el cual su útero se prepara cada mes de vida reproductiva que no está embarazada, gesta un feto durante nueve meses, pasa por el proceso potencialmente fatal del parto, y lacta durante meses si no años. El costo fisiológico básico es enorme. En los machos de nuestra especie el costo mínimo es esperma y cinco minutos.

Esa es una discrepancia considerable en la inversión para ser padres por lo menos a nivel fisiológico. Después que un niño nace, incluso en las culturas "progresistas" occidentales, la mayor responsabilidad por el cuidado físico y emocional recae sobre la mujer. Los padres pueden cambiar pañales una que otra vez, pero lo más probable es que eso sea el dominio de la madre.

En cuanto al comportamiento, el sexo con la mayor inversión de padres es exigente con respecto a ella, y por lo general es una ella, quien se acopla. Ella es la razón limitante en la reproducción. El sexo con la menor inversión de padres, usualmente el hombre, debe competir ferozmente con otros miembros de su sexo para tener acceso a la mujer y para asegurar la supervivencia de su ADN.

En los humanos, esta importancia femenina con base biológica y selectiva parece haber actuado como una afrenta a los hombres, que constantemente idean maneras de controlar la reproducción femenina. Las tácticas incluyen todo, desde la poligamia hasta insistir que las mujeres se cubran de negro de la cabeza a los pies, e incluso prácticas más brutales como clitoridectomías e infibulaciones. En algunas guerras civiles, que pueden ser basadas en la religión o sectas, los hombres muestran el triunfo sobre los enemigos violando a las mujeres de sus adversarios, mientras que los derrotados son obligados a mirar mudos e impotentes. Esto se considera más que una afrenta para los hombres que para "sus" mujeres, que no obstante pueden acarrear un estigma de por vida, incluso entre su propia gente. La misma suerte estigmatizada puede sucederle a cualquier descendiente.

Y las creencias religiosas parecen ser un factor importante en nuestra cultura de relaciones basadas en la monogamia, que por definición da lugar a una mayor competencia entre ambos sexos para garantizar una pareja adecuada. Ten en cuenta la tradición cristiana con las ceremonias de matrimonio: "Lo que Dios ha unido, ningún hombre puede separar".

Un estudio del 2009 de los estudiantes universitarios de Arizona mostró que tanto los hombres como las mujeres parecen tener un aumento de los sentimientos religiosos cuando se les muestran fotos de miembros atractivos de su mismo sexo, no de los miembros del sexo opuesto como se podría pensar. Por lo tanto, cuando la competencia por el compañero potencial entra en juego, también lo hace la religión.

La mayoría de las religiones se preocupan por el sexo y eso en sí mismo ofrece una fuerte evidencia que la religión es hecha por el hombre.

Hasta aquí hemos descrito los bloques psicológicos

básicos de las unidades de construcción de la creencia y el ritual -como es un subproducto de los mecanismos cognitivos de adaptación. Pero, ahora también poseemos la evidencia de los estudios de imagen de nuestro cerebro. Veamos ahora lo que se mira por esa ventana hacia la mente.

9

OH HOMBRE DE POCA FE
Descubriendo la evidencia física de dios (es) como producto secundario

---

Cuan crítico es el futuro con respecto al presente cuando uno está rodeado por niños
-Charles Darwin

La palabra subproducto parece trivial, como si significara debilidad, o insignificancia. Muy por el contrario. La lectura y la escritura, por ejemplo, son subproductos culturales de adaptaciones originalmente diseñadas para otros fines. No tenemos ninguna lectura ni módulos de escritura en nuestro cerebro. Lo que sí tenemos es una visión, un lenguaje hablado, un pensamiento simbólico, y el movimiento motor fino de nuestras manos, junto con varias otras adaptaciones originalmente diseñadas para otros fines. Todas estas adaptaciones se juntaron cuando los seres humanos crearon la escritura y la lectura, la invención cultural más importante de nuestra especie.

Del mismo modo, posiblemente la música es un subproducto de la lengua hablada, con sus vocales y consonantes duras, al compás, originalmente al ritmo de un corazón latiendo. Para apreciar el poder de un subproducto cultural para conmovernos, sólo escucha una de tus piezas musicales favoritas, en especial una que evoca recuerdos.

La religión es una fuerza poderosa que ha moldeado la historia y el comportamiento individual más allá de lo que se puede medir. Llamarla un subproducto no disminuye su poder evidente, especialmente cuando estudios respetables recientes la apoyan como tal. Revelaciones recientes y evidencia empírica poderosa existe ahora para explicar el poder súper normal que la religión ejerce sobre nosotros.

Como Lone Frank, el neurobiólogo y periodista danés dice, "lo sagrado se encuentra entre las orejas". Y, con las nuevas técnicas de neurociencia y de imagen, eso es exactamente lo que se ha descubierto.

Probablemente el más famoso en este mundo nuevo de la investigación del cerebro y la religión ha sido Michael Persinger, psicólogo en Laurentian University en Canadá. Desde la década de 1980, él ha experimentado con lo que hoy se conoce como el "casco de dios". Colocan a las personas en una habitación oscura y tranquila, la percepción del sonido y la vista son bloqueadas, y se coloca un casco sobre la cabeza que estimula magnéticamente los lóbulos temporales.

Los sujetos de prueba reportan la presencia de "otro". Dependiendo de su historia personal y cultural, la "presencia percibida" puede ser interpretada por el sujeto con el casco como una figura religiosa sobrenatural. Las mujeres reportaron estas experiencias más frecuentemente que los hombres.

Persinger argumenta que no tenemos un sentido del yo singular, estable o una parte en el cerebro del que proviene. Hay en cambio varias zonas en el cerebro que contribuyen a nuestra experiencia consciente del "yo". En nuestro estado de vigilia normal, el lado izquierdo del cerebro que controla el lenguaje, domina. En otros casos, como los marcados por miedo, depresión, crisis personal, muy poco oxígeno, azúcar baja en la sangre, o uso del "Casco de dios", cuando la zona temporal derecha es estimulada, ese sentido adicional del "yo" se entromete en la conciencia y se siente como el "otro".

Este estimulo de experiencias religiosas a través de los lóbulos temporales no es sólo una curiosidad académica o artefacto de imanes en un laboratorio. Los lóbulos temporales son cruciales para el habla y un elemento común en las experiencias religiosas es oír la voz de un dios. Uno puede atribuir erróneamente nuestra voz interior a la voz de un extraño. Se ha documentado durante años que muchos individuos con epilepsia del lóbulo temporal, que proviene de las perturbaciones eléctricas en los lóbulos temporales, tienen intensas experiencias religiosas y que la religiosidad extrema es un rasgo de carácter común entre dichos pacientes.

Es posible que St. Paul haya tenido realmente un

ataque epiléptico cuando cayó "fulminado" en el camino a Damasco, e igualmente posible incluso probable, que algunos de los fundadores y líderes de varias religiones mundiales hoy en día serían evaluados y tratados por epilepsia del lóbulo temporal. Santa Teresa de Ávila, Feodor Dostoievski y Marcel Proust, entre otros, se cree que tenían epilepsia del lóbulo temporal que pudo haber contribuido a su enfoque en lo espiritual.

Andrew Newberg, MD, un internista y radiólogo en Thomas Jefferson University Hospital and Medical College y profesor adjunto en el Departamento de Estudios Religiosos de la Universidad de Pennsylvania, fue pionero en el estudio de neuroimágenes de monjas rezando, de monjes meditando, pentecostales hablando en lenguas e individuos en varios estados de trance. Su trabajo sugiere que los estados emocionales en los que el individuo "se siente en armonía con el universo" corresponden a alta actividad del lóbulo frontal y baja actividad en el lóbulo parietal izquierdo del cerebro, un área responsable por integrar la información que nos orienta en nuestro medio ambiente. Esa área nos dice donde nuestro cuerpo termina y el mundo comienza.

Si la entrada sensorial a esa región del cerebro es bloqueada por oraciones intensas, meditación, cánticos lentos, melodías tristes, rituales de encanto susurrados u otras técnicas, se le puede impedir al cerebro distinguir entre el yo y el no-yo, entre el mundo interior y el mundo exterior. Cuando esa zona no integra dicha información del mundo exterior, el individuo se sentirá fusionado en todo.

Es cierto que estos estudios implican excepciones -temas protegidos, monjas, epilépticos, místicos, pentecostales y otros en los extremos. Por ejemplo, cuando los pentecostales y los cristianos carismáticos hablan en lenguas, glosolalia, ocurre lo contrario. Hay una disminución en la actividad del lóbulo frontal que corresponde con un sentimiento de pérdida de control, y de alta actividad parietal, que corresponde con una experiencia intensa del yo en relación a un dios, una figura de apego.

Con respecto a las investigaciones de neuroimagen modernas en personas religiosas y no religiosas más comunes, "Los Fundamentos Cognitivos y Neuronales de la Creencia Religiosa", un estudio publicado en la primavera del 2009 en los Institutos Nacionales de Salud por Dimitrios Kapogiannis y otros cinco investigadores, nos provee evidencia impresionante en apoyo a la teoría de la religión como subproducto.

Los cerebros de los sujetos de prueba fueron controlados mediante imágenes por resonancia magnética funcional (fMRI). Mientras que los investigadores les leían varias declaraciones acerca de la religión, se les pidió a los sujetos estar de acuerdo o en desacuerdo. Aunque no se encontró una "central de dios" en el cerebro, las pruebas de neuro imagen localizaron las creencias religiosas dentro de las mismas redes cerebrales que procesan las capacidades para la teoría de la mente, la intención y la emoción.

Una comparación de los resultados de los sujetos de prueba religiosos y los no religiosos no reveló diferencias en los mecanismos cerebrales usados para evaluar las declaraciones. Religiosidad no es una función separada, sino que se integra en las redes cerebrales utilizadas en la cognición social. La creencia religiosa no es *sui generis* -no es única. El estudio proporciona evidencia poderosa que las creencias religiosas envuelven circuitos sociales cerebrales, y mecanismos mentales, y que estos mecanismos participan en las funciones de adaptación ya descritos aquí.

Otro estudio reciente de Sam Harris también utilizó fMRI y examinó tanto a los creyentes religiosos como a los no creyentes mientras se les presentaban las propuestas religiosas y las no religiosas. Los cerebros de los creyentes mostraron actividad en las partes que tienen que ver con la identidad y con la forma que el individuo se ve y se representa a sí mismo, independientemente del contenido que se les presenta ellos.

Las neuronas reflectoras

Las neuronas reflectoras que existen en todo el cerebro, probablemente en muchas áreas diferentes, fueron descubiertas accidentalmente por los investigadores que trabajaban con monos macacos en la Universidad de Parma en la década de 1980 y 1990. Investigaciones posteriores han mostrado que son activas en los seres humanos también. Su descubrimiento es uno de los hallazgos recientes más importantes en la neurociencia. Estas neuronas se activan tanto cuando un animal realiza una acción como cuando el animal observa la misma acción realizada por otro animal.

Estas neuronas "reflejan" el comportamiento del otro como si el observador estuviese realizando la misma acción. Por lo tanto es realmente verdad que lo que "el mono ve, el mono hace".

Ilustremos ésto. Cuando levantas tu mano derecha, las células nerviosas se activan en el lado izquierdo de tu cerebro, en la zona que controla el movimiento del brazo derecho. Si tú me miras hacer esto, las mismas neuronas se iluminaran, aunque tu brazo derecho sigue sin moverse. Si me entierro un cuchillo en la mano derecha, las áreas que perciben el dolor en las áreas de mi cerebro izquierdo se activan. Si me ves hacerlo, tu cerebro reacciona de la misma manera.

Pero no es necesario el dolor para probarte ésto a ti mismo. Si ves a alguien chupando una rodaja de limón, te «saboreas» el limón amargo y tu boca se hace agua, como si estuvieras haciéndolo tú mismo. O trata de no bostezar cuando alguien más lo hace.

Los recaudadores de fondos entienden esto en algún nivel. Ellos pueden recitar todas las estadísticas sobre el hambre infantil en el mundo sin mucho efecto sobre la persona típica, pero si le muestras a esa persona una imagen de un niño hambriento, él o ella estarán más propensos a donar. El terremoto de 2010 en Haití lanzó un flujo masivo alrededor de todo el mundo debido a las horribles imágenes e historias publicadas instantáneamente por los medios de comunicación. Todos podíamos sentir el dolor de la pérdida y la desesperación, y nuestras fibras más profundas no nos permitirían quedarnos sentados y hacer nada.

A menudo oímos que si no fuera por la religión, seriamos inmorales y sin ética. Las neuronas reflectoras refutan esto contundentemente. Nosotros literalmente sentimos el dolor de otros y eso induce en nosotros la empatía, la angustia y el deseo de ayudar. Nuestros cerebros son éticos por diseño. Las religiones utilizan esto y conscientemente o no, lo utilizan de una manera que puede traumatizar.

¿Cuántos niños están expuestos a la imagen angustiante de la crucifixión? La mayoría de los cristianos piensan que se han acostumbrado a ella, pero la evidencia parece sugerir que cada vez que la ven, en algún nivel todavía sienten ese dolor, como si los estuvieran crucificando. Esa imagen es un manipulador muy poderoso de nuestras capacidades éticas básicas.

Mel Gibson, famoso actor y director «tradicionalista», católico romano, tomó completa ventaja de esta tendencia en su película del 2004 *La Pasión de Cristo*, que es tan violentamente gráfica que incluso algunos cristianos quedaron pálidos. Gibson fue acusado tanto de antisemitismo como de prolongar la violencia de la película con el expreso propósi-to de fortalecer la creencia religiosa. La película dio lugar a dos documentales y todavía tiene un sitio activo en la red de internet que hace la película disponible -con violencia adicional cortada del lanzamiento en los teatros- como herramientas de enseñanza para las iglesias.

Algunas personas fervientemente religiosas han supues-tamente, a lo largo del cristianismo, manifestado incluso físicamente los estigmas -la misteriosa aparición en sus manos, pies y al lado, las heridas de crucifixión de Cristo. Generalmente los designan como santos, pero es más probable que sus mentes inconscientes perciban esa imagen tan poderosamente y tan traumáticamente que se manifiesta físicamente. Este tipo de poder de la mente no es desconocido para la ciencia. Es igualmente probable que se hayan infligido las heridas a sí mismos mientras estaban en un estado de trance, a sabiendas o sin saberlo.

Mientras lees ésto hay investigadores especializados en este trabajo que continúan aprovechando la neurociencia moderna para explorar cómo nuestros cerebros generan, aceptan y difunden las creencias religiosas. Ellos construirán sobre el trabajo que acabamos de describir, y un día nos darán una neuroanatomía completa de la creencia religiosa en el cerebro. Cuenta con ello.

10

PARA QUE NO SEÁIS JUZGADOS
Educando nuestras mentes

La ignorancia a menudo engendra más confianza que el conocimiento: son aquellos los que saben poco, y no los que saben mucho, quienes afirman tan positivamente que éste o ese problema nunca será resuelto por la ciencia.

-Charles Darwin

En 1918, William Jennings Bryan, ex secretario de Estado y candidato presidencial, comenzó lo que Dudley Malone llamó su "duelo a muerte con la evolución". La batalla culminó en el verano de 1925 con el famoso juicio Scopes en Dayton, Tennessee. Pero no fue la evolución la que murió. Clarence Darrow, el abogado defensor principal, llamó a Bryan al estrado como testigo hostil, luego demolió el literalismo bíblico tonto de Bryan punto por punto. Se considera como uno de los grandes interrogatorios en la historia jurídica americana. Bryan tuvo que saber que había sido humillado; murió cinco días después.

John Scopes fue declarado culpable por violar el acta de Tennessee de Butler, la cual prohibía enseñar en las escuelas públicas "cualquier teoría que niega la historia de la Creación Divina del hombre como la enseña la Biblia, y en vez enseñar que el hombre desciende de un orden inferior de animales". La condena fue anulada más tarde. Aunque Bryan ganó esa pelea en la corte, eventualmente perdió la batalla.

La guerra más extensa, sin embargo, no ha terminado. El acta de Butler de hecho se mantuvo en vigor durante casi cuarenta años y los problemas jurídicos relacionados con la enseñanza de la evolución se mantuvieron durmientes hasta que otro profesor desafió el acta en 1967 basándose en la Primera Enmienda.

Desde mediados de 1960, han habido diez y nueve desafíos mayores a la enseñanza de la evolución, dos ante la Corte Suprema. Muchos en la derecha religiosa han tratado de descarrilar la enseñanza de la evolución, insistiendo que la ciencia creacionista y su versión más reciente, el diseño inteligente, sean enseñados al lado de la evolución Darwiniana. Pero cada vez que el tema ha llegado a un punto decisivo en nuestro sistema legal, la ciencia ha ganado.

En fecha tan reciente como a finales del 2005, el juez John E. Jones III, un juez del tribunal federal del distrito de Pennsylvania falló en contra de requerir la presentación del diseño inteligente como una alternativa a la evolución Darwiniana en las clases del grado nueve. En *Kitzmiller v.*

Dover Area School District, Kenneth Miller, un biólogo de la Universidad de Brown y católico practicante, testificó a favor de la integridad científica de la evolución, afirmando que no hay conflicto entre la religión y la ciencia. Sus palabras hicieron eco del discurso más famoso del juicio de Scopes, el discurso de la "libertad académica" del co-abogado de Clarence Darrow, Dudley Malone, quien señaló que no hay conflicto entre la ciencia evolutiva y la religión. Mientras que el caso Dover marcó una gran victoria para la ciencia y la enseñanza de la ciencia, el juez Jones, en lo que de otra manera fue una decisión ejemplar, se conformó al punto de vista de Miller y Malone, haciendo referencia explícita a esta presunta ausencia de conflicto entre ciencia y religión.

A pesar de proclamar en forma políticamente correcta que no hay ningún conflicto entre la ciencia y la religión, las constantes batallas en las juntas escolares y comités educativos en todos los Estados Unidos (y, más recientemente, en el Reino Unido y Canadá) está llegando a ser ensordecedor. Hay, sin duda, un conflicto entre la religión y la ciencia.

Durante siglos el dogma religioso ha formulado reclamos sobre el origen del cosmos, el origen y la naturaleza del hombre, y la naturaleza del universo. La ciencia ha desmentido lenta pero irrefutablemente estas afirmaciones y explicaciones, no sin riesgo, como Galileo te podría decir si aún viviera.

La verdadera búsqueda por la verdad muestra que los hombres y las mujeres en el mundo de hoy son un Mono africano, el último superviviente de los homínidos, el Homo sapiens.

Como señalamos en el capítulo 3, Darwin incluso tuvo dificultad para abandonar la religión, y sólo tenía una fracción de la evidencia empírica para considerar, comparado con lo que sabemos hoy.

Los mecanismos mentales que se combinan para hacernos vulnerables a las creencias religiosas están profundamente arraigados. Cuando se combinan con el adoctrinamiento social de los niños, a menudo de nacimiento, nos enfrentamos a lo que podría ser la batalla final entre la creencia incuestionable y la investigación inteligente. Como Jerry Coyne, un biólogo evolucionista y ex creyente, ha dicho: "En la religión la fe es una virtud, en la ciencia es un vicio".

Además, como cualquier ex creyente podría decirte, es mucho más fácil creer. Las religiones ofrecen un conjunto de reglas y cuando se combinan con todos nuestros mecanismos mentales de adaptación eliminan la necesidad para pensar seriamente sobre el tema. La encuesta sobre religión de Pew del 2010 realmente encontró que los agnósticos y los ateos tenían más conocimientos sobre las religiones del mundo que los creyentes, lo que parece indicar un nivel de pensamiento más alto acerca de los temas en cuestión.

Pero hay esperanza. El 6 de junio de 2010, en una entrevista con ABC News, el físico Steven Hawking, considerado por muchos como uno de las mentes científicas más grandes de nuestro o de cualquier tiempo, dijo: "Hay una diferencia fundamental entre la religión que se basa en la autoridad, y la ciencia que se basa en la observación y la razón. La ciencia ganará porque funciona." Como mucha gente sabe, sin la ayuda de la ciencia, Hawking hace tiempo que hubiese sucumbido a los estragos de la esclerosis lateral amiotrófica (ALS, o "enfermedad de Lou Gehrig") no importa cuántas personas hayan orado por él. En cambio, su mente fina sobrevive y sigue aprendiendo y enseñando, con la ayuda de una serie de accesorios tecnológicos.

Como se demuestra en este libro, la ciencia, específicamente las neurociencias cognitivas y sociales nos muestran cómo y por qué las mentes humanas generan creencias religiosas. Más que un esquema, es evidente y con cada día que pasa, que los mecanismos psicológicos, la neuroanatomía y la neuroquímica de la religión siguen enfocándose más claramente.

No pasará mucho tiempo antes de que otro John o Jane Scopes enseñe en la escuela secundaria pública una clase de psicología o biología de neurociencia cognitiva evolutiva de la religión. Cuándo se enseñen esas clases, puedes apostar que habrá una respuesta de los cristianos fundamentalistas de los Estados Unidos. Ellos lo llevaran a los tribunales. El caso finalmente se escuchará en un tribunal federal, tal vez incluso en la Corte Suprema. Todos deberíamos dar la bienvenida a tal juicio. Generará una audiencia aún más amplia por estos descubrimientos sobre cómo la mente humana crea y mantiene la creencia religiosa. Si la historia se usa de guía, la ciencia -en este caso, la neurociencia cognitiva evolutiva de la creencia religiosa- va a ganar en forma decisiva.

La religión puede ofrecer consuelo en un mundo difícil; puede fomentar comunidad, puede incitar conflictos. En resumen, puede tener usos -para bien y para mal. Pero fue creada por los seres humanos, y éste será un mundo mejor si dejamos de confundirla con hechos.

NOTAS

Cubierta delantera

Esta foto de NASA de la nebulosa Helix es una composición optimizada de imágenes a color tomadas por el telescopio Hubble y el Observatorio Nacional Kitt Peak en Arizona. Cuando apareció inicialmente como la "foto astronómica del día" de NASA el 10 de mayo del 2003, generó una serie de cadenas de correos electrónicos, que la designaban como el "Ojo de Dios", con algunos afirmando que el ver la imagen daba lugar a milagros.

Prefacio

Para mis trabajos y presentaciones sobre el terrorismo suicida, por favor vean mi página web, www.jandersonthomson. com. La idea que cualquier cosa que hagamos para aflojar el agarre de la religión sobre la humanidad es un golpe para la civilización viene de las observaciones formuladas por el físico Steven Weinberg en el Simposio *Mas allá de la*

Creencia en San Diego en el año 2006. Ese simposio es una fuente rica para conversaciones y recomiendo sobre todo la presentación sobre diseño no inteligente del universo por el astrofísico y director del Planetario Hayden del Museo Americano de Historia Natural, Neil deGrasse Tyson.

Capítulo 1
"La teoría de la evolución de Darwin por selección natural es la única explicación viable que ha sido propuesta como el hecho notable de nuestra propia existencia, ciertamente la existencia de toda vida dondequiera que aparezca en el universo. Es la única explicación conocida sobre la rica diversidad de animales, plantas, hongos y bacterias… Selección natural es la única explicación factible de la ilusión hermosa y convincente del "diseño" que impregna cada cuerpo vivo y cada órgano. El conocimiento de la evolución puede que no sea estrictamente útil en la vida cotidiana. Puedes vivir una especie de vida y morir sin nunca escuchar el nombre de Darwin. Pero si antes de morir deseas entender por qué viviste en el primer lugar, el Darwinismo es el único tema que debes estudiar". El prólogo de Richard Dawkins, para *La Teoría de la Evolución* de John Maynard Smith, Canto ed. (Cambridge: Cambridge University Press, 1993).

La declaración resumida de la evolución como una colección integrada de dispositivos para resolver problemas proviene de Donald Symons, "*Adaptabilidad y Psicología de Emparejamiento Humano*", en El Manual de Psicología

Evolutiva, ed. David M. Buss (Hoboken, NJ: John Wiley & Sons, 2005). "La mente es lo que el cerebro hace" y la analogía con la nave espacial Apolo vienen de *Cómo Funciona la Mente* (Nueva York: Norton, 1997) de Steven Pinker.

El creer en una o más figuras sagradas centrales: Aunque el catolicismo y las religiones similares ortodoxas griegas y del Este son vistas principalmente como religiones monoteístas, ellas en realidad operan como religiones politeístas. Los santos como agentes sobrenaturales proporcionan una prueba interesante que la religión está hecha por el hombre. Si los católicos son honestos consigo mismos, verían todos los santos como dioses menores. Le rezas a San Antonio si pierdes algo y a San Judas si necesitas algo imposible. Santa Clara se convirtió en la santa patrona de la televisión en la década de 1950 debido a su "visión" particular. Como fundadora (con San Francisco de Asís) y abadesa de las "Clarisas pobres", ella, en su vejez, ya no podía ir a misa de Navidad, así que reportaba que la veía mientras estaba sola, en la pared de su celda monástica.

A pesar de que los santos funcionan como pequeños dioses, hay un poder sobrenatural que se les imputa, podría ser más fácil pensar en ellos como grupos de presión celestial. Los católicos les rezan a sus santos, pero no para pedirles que les otorguen sus oraciones -sólo dios puede hacer eso. Los católicos invocan el acceso a dios, pidiendo a los santos que "intercedan" ante dios por ellos. Esta distinción, dejó muy en claro que el catolicismo, inteligentemente evita una acusación o apariencia politeísta. Puedes tener tus santos, pero solo un dios (sin contar la Trinidad).

El proceso para designar a alguien como un santo, una persona sagrada que debería servir de ejemplo positivo, se inicia con la gente que realmente conocía esa persona. Luego la gente presenta la evidencia de santidad, usualmente primero a un sacerdote de parroquia. La evidencia de santidad toma la forma de milagros atribuidos al futuro santo, el cual, si lo piensas, niega el concepto que el posible santo simplemente le pide a dios llevar a cabo milagros. El sacerdote pasa la información y documentación a un obispo, que lo envía por la cadena jerárquica a un cardenal y finalmente al Papa. Convertirse en un santo por lo general requiere que al menos tres milagros médicos se le atribuyen a esa persona, aunque el haber muerto como mártir automáticamente reduce el requisito a dos. (Trata de pensar en esto en el contexto de los terroristas suicidas de una religión diferente).

El proceso de canonización es un ejemplo clásico de la religión y los dioses creados por el hombre. En los últimos años, incluso ha habido acusaciones que algunos papas "apuraron" el proceso de santidad por conveniencia política (*Sunday Times* de Londres, 18 de febrero del 2008). Y por supuesto, algunos santos, incluyendo el siempre popular San Cristóbal, el santo patrón de los viajeros, cuya imagen aparece en muchas medallas colgando de los espejos retrovisores de los taxis, ha sido "descanonizado" por el Vaticano, que al parecer tiene el poder de ofrecer y negar dioses menores.

Todo esto hace al catolicismo esencialmente lo mismo que el Hinduismo, que se define como henoteísta -lo que implica devoción a un solo dios, aceptando la existencia de otros.

Capítulo 2

La frase encantadora: "Somos simios erectos, no ángeles caídos", es de William Allman, *La Edad de Piedra Presente: Cómo la evolución ha moldeado la Vida Moderna - Desde el Sexo, la Violencia y el Lenguaje hasta las Emociones, la Moral y las Comunidades* (Nueva York: Touchstone, 1994).

Una de mis historias favoritas: Una niña llegó a casa de la escuela después de una lección avanzada en la evolución de los seres humanos. Ella le preguntó a su madre: " ¿Venimos de los monos?" La madre hizo una pausa y dijo: "Bueno, en cierto sentido. Provenimos de los monos y de los simios". La niña preguntó:" Bueno, ¿de dónde vienen los monos?", la madre lo pensó por un momento y respondió: "Del Consejo Estatal de Educación de Kansas".

La visión general de la evolución humana proviene de Nicholas Wade, *Antes del Amanecer: Recuperación de la Historia Perdida de Nuestros Antepasados* (Nueva York: Penguin Press, 2006) y *Lo que Significa Ser Humano* de Richard Potts y Christopher Sloan (Washington, DC: National Geographic Press, 2010). Tuve el privilegio de recorrer con Richard Dawkins, Todd Stiefel, Greg Lange, y un grupo de la Universidad de Howard, la exhibición de los nuevos orígenes humanos en el Smithsonian en Washington,

DC con su director, Richard Potts. Posteriormente, él amablemente revisó mi resumen de la evolución humana para asegurarse de su exactitud. Visita esa exposición si te es posible. Es educación en todo su esplendor.

Somos una especie social con una muy apreciada capacidad de cooperación. Ve el primer capítulo "Simios en un Avión", del libro de Sarah Hrdy *Las Madres y Los Otros: la Evolución de la Comprensión Mutua* (Cambridge, MA: Belknap Pulse de Harvard University Press, 2009). Podemos apretujarnos en un avión, ayudarnos unos a otros con el equipaje que va encima de los asientos, y toleramos a las personas difíciles y los bebés gritando. Pero si tal avión se llenara con pasajeros chimpancés, el avión estaría lleno de partes de cuerpo ensangrentadas al aterrizar.

Estoy en deuda con Robin Cornwell por la idea de religión como la última comida rápida.

La noción de nuestros cerebros como centros de "hazlo otra vez" viene de Terry Burnham y Phelan Jay, *Genes Mezquinos: De Sexo a Dinero a Alimentación: Domando Nuestros Instintos Primarios* (Nueva York: Penguin Press, 2000).

No hay mejor manera de educarse a sí mismo acerca de la teoría de la evolución, la síntesis Darwiniana moderna y la evidencia, que leer en este orden, *El Relojero Ciego* (Nueva York: Norton, 1996), *El Gene Egoísta*, 30th anniversary ed. (Nueva York: Oxford University Press, 2006), y *El Mayor Espectáculo Sobre la Tierra* (Nueva York: Free Press, 2009), todos por Richard Dawkins.

Capítulo 3

La descripción poderosa de mujeres Homo erectus sobreviviendo en las sabanas con envenenamiento de vitamina A
proviene de Alan Walker y Shipman Pat, *La Sabiduría de los
Huesos: En busca de Orígenes Humanos* (Nueva York: Knopf,
1996). Un molde de sus huesos puede ser visto en el Salón
de los Orígenes Humanos del Museo de Historia Natural
en Washington, DC. El paralelismo de los pentecostales
elevando sus manos hacia un dios con el de los niños elevando sus manos hacia un padre fue un entendimiento
esencial de Lee Kirkpatrick en el desarrollo de sus ideas
sobre la profunda conexión entre el sistema de afecto y la
religión (comunicación personal, 2010). Véase también
su libro *Apego, Evolución y Psicología de la Religión* (Nueva
York: Guilford Press, 2005). Véase también, *El Apego* de
John Bowlby (Nueva York: Basic Books, 1969). Mary
Ainsworth fue una profesora de psicología en la Universidad
de Virginia cuya humanidad y calidez permanecen vivas
en mi memoria. Una excelente introducción al trabajo de
Ainsworth y Bowlby se puede encontrar en "Apegándose",
de Robert Karen en el Atlantic Monthly, el cual más tarde se
expandió a un libro, *Apeg ándose: Las Primeras Relaciones y
Cómo Estas Determinan Nuestra Capacidad de Amar* (Nueva
York: Oxford University Press, 1994).

Frank Sulloway tiene un magnífico ensayo que traza el
pensamiento de Charles Darwin en ese período crucial en
la década de 1830 cuando Darwin descubrió la selección

natural. Consulta la sección "¿Por qué Darwin Rechazo el Diseño Inteligente?", *El Pensamiento inteligente: Ciencia versus El Movimiento del Diseño Inteligente*, ed. John Brockman New York: Vintage, 2006). El impacto que le causó a Darwin perder a su hija, Annie, está muy bien relatado por su descendiente Randal Keynes en el recuadro de *Annie: Charles Darwin, Su Hija y La Evolución Humana* (London: Fourth Estate, 2001). La biografía principal de Darwin es el trabajo de los dos volúmenes magistrales de Janet Browne, Voyaging (Nueva York: Knopf, 1995) y *El Poder del Lugar* (Princeton, NJ: Princeton University Press, 2003).

Capítulo 4

El entender que la división mente-cuerpo sea parte de la gran estructura de las vías de percepción en el cerebro se encuentra en el Ensayo de Matthew Lieberman, "¿Qué hace las grandes Ideas Contagiosas?" en un volumen editado de Max Brockman, *Que Sigue: Despachos sobre el Futuro de la Ciencia* (New York: Vintage, 2009).

Un resumen del trabajo y experimentos ingeniosos de Jesse Bering se encuentran en su artículo "La Psicología Cognitiva de La Creencia en lo Sobrenatural ", en *American Scientist* 92 (2006): 142-149. El escribe bien, y sus ensayos para la revista *Scientific American Mind* valen siempre la pena leerlos. Está a la espera de su libro *El instinto de la Creencia: La psicología de las Almas, el Destino, y el Sentido de la Vida*, que se publicará el 2011.

Para un recuento vívido de los efectos y el alivio del amigo imaginario de un niño, véase la historia de la chica joven con "el pequeño hombre púrpura" en *El espejismo de Dios* de Richard Dawkins (New York: Houghton Mifflin, 2006), 349.

Capítulo 5

Este libro desarrolla la teoría del subproducto de la creencia religiosa. Hay otra teoría que la creencia religiosa es un aspecto independiente, aspecto arraigado de la naturaleza humana y el producto de procesos de selección de grupo. Un lector interesado en seguir este punto de vista debe buscar en Sloan Wilson, *La Catedral de Darwin: La Evolución, la Religión y la Naturaleza de la Sociedad* (Chicago: University of Chicago Press, 2002) y *El Instinto de Fe: Cómo la Religión Evolucionó y Por Qué Permanece* de Nicholas Wade (New York: Penguin Press, 2009). Para cualquier persona interesada en el grupo-adaptación seleccionada vs. Debate del subproducto, véase el documento de Richard Sosis, "El Debate Adaptación-Subproducto sobre la Evolución de la Religión: Cinco malentendidos del programa adaptación", *Publicación de Cognición y Cultura* 9 (2009): 315-332. Para una opinión del punto de vista totalmente del comportamiento de la religión, véase, *La Selección Supernatural y Natural: La evolución de la Religión* de Lyle Steadman y Craig Palmer (Boulder, CO: Paradigm Publishers, 2008).

La importancia de la cognición desacoplada a la

religión está bien descrita en *La Religión Explicada: El Origen Evolucionario de la Creencia Religiosa* (Nueva York: Basic Books, 2001).

La explicación de Robert Dunbar del uso de la religión de la intensionalidad se encuentra en "Creemos", *New Scientist* 189 (2006): 30-33.

La teoría de que nacemos altruistas y luego desarrollamos una estrategia de interés propio es de Michael To-masello, el psicólogo de desarrollo que codirige el Instituto de Antropología Evolucionario Max Planck en Leipzig, Alemania. Los experimentos del instituto con niños pequeños y chimpancés que demuestran las capacidades innatas para cooperar y entender los objetivos de los demás son una maravilla para ver. Tomasello y su grupo tienen numerosos artículos y un libro titulado *Por Qué Colaboramos* (Cambridge, MA: MIT Press, 2009). La idea del lenguaje que surge de las intenciones compartidas está completamente desarrollado en *Los Orígenes de la Comunicación Humana de Tomasello* (Cambridge, MA: MIT Press, 2010).

El actor de cine cómico Sacha Baron-Cohen tiene un primo, Simon Baron-Cohen, psicólogo en la Universidad de Cambridge, que ha avanzado significativamente nuestro entendimiento del síndrome de Asperger y enfermedades en el espectro autista. Él ve cerebros masculinos como orientados hacia la sistematización y los cerebros femeninos hacia la empatía. La Teoría de las capacidades mentales en las mujeres, en promedio, es generalmente superior a la de los hombres. Las enfermedades del espectro autista representan el cerebro masculino extremo. Él tiene numerosos artículos científicos y un libro accesible para el lector interesado en general, *La Diferencia Fundamental: Los cerebros Masculinos y Femeninos y la verdad sobre el Autismo* (Nueva York: Basic Books, 2003). La capacidad de sentir empatía es a menudo difícil de desarrollar en los hombres. Los estudios demostraron hace mucho tiempo la importancia, incluso para los bebés prematuros, de ver caras.

La descripción de transferencia como un mecanismo normal psicológico de la mente está en el capítulo de Randolph Nesse y Alan Lloyd sobre las defensas psicológicas evolucionadas, "La Evolución de los Mecanismos Psicodinámicos", en *La Mente Adaptada: La Psicología Evolutiva y de la Generación de la Cultura*, ed. Jerome Barkow, Cosmides Leda, y John Tooby (Nueva York: Oxford University Press, 1992).

Capítulo 6

El término "dispositivo de detección de organismo hiperactivo" viene del trabajo de Justin Barrett, *¿Por qué alguien cree en Dios?* (Lanham, MD: Altamira Press, 2004). Este es un libro de bolsillo maravilloso que describe claramente muchos de los mecanismos cognitivos utilizado en la religión, pero se ve opacado por lo inesperado, lo sin explicación y la confesión inexplicable de la fe cristiana en uno de los últimos párrafos. La importancia de nuestra vulnerabilidad para antropomorfizar la religión es la base del libro de Stuart Guthrie, *Rostros en la Nube: Una Nueva Teoría de la Religión* (Nueva York: Oxford University Press, l993). Richard Coss, profesor de Psicología de la Universidad de California en Davis, me presentó la idea y la evidencia de la persistencia en nuestras mentes de los mecanismos de nuestros antepasados Australopiteco.

Nuestra peculiaridad para construir mundos mínimamente contra intuitivos es la base de la neurociencia cognitiva de la religión. Esto se detalla en *La Religión Explicada: El Origen Evolutivo de la Creencia Religiosa* (Nueva York: Basic Books, 2001) de Pascal Boyer y *En Dioses Confiamos: El paisaje evolutivo de Religión* (Nueva York: Oxford University Press 2002) de Scott Atran. ¿Por qué todos sabemos la historia de Caperucita Roja? Contiene dos ocurrencias mínimamente contra intuitivas, el lobo feroz, y luego la niñita y la abuela emergiendo vivas del vientre del lobo.

Recordamos las ideas mínimamente contra intuitivas mejor que las ideas intuitivas regulares o las ideas extrañas. Para evidencia empírica de ésto, véase «Memoria y Misterio: La Selección Cultural de narraciones mínimamente contra intuitivas» por Ara Norenzayan, Scott Atran, Jason Faulkner y Mark Schaller en *La Ciencia Cognitiva* 30 (2006): 531-553. Este artículo demuestra cómo los elementos mínimamente contra intuitivos son centrales para los cuentos folclóricos exitosos y las narraciones religiosas. Los elementos sobrenaturales permanecen conectados a la vida cotidiana y pueden aliviar los problemas humanos existenciales básicos que son racionalmente intratables, tales como la muerte.

Puedan ser fácilmente recordados, repetidos y transmitidos a la siguiente generación.

Un libro accesible que delinea la neurociencia cognitiva de la religión en más detalles que la nuestra es Mentes y *Dioses: Los Fundamentos Cognitivos de la Religión* de Todd Tremlin (Nueva York: Oxford University Press, 2006).

En uno de los prólogos más importantes de cualquier libro, Robert Trivers introdujo el concepto de autoengaño en la edición original de 1976 de Richard Dawkins, *El Gene Egoísta* y se puede encontrar en la edición del décimo tercer aniversario del libro. La noción de los teístas intuitivos y de la teleología promiscua fue introducido por Deborah Kelemen, "¿Son los niños teístas intuitivos? Razonando sobre el propósito y Diseño en la Naturaleza", *Ciencias Psicológicas* 15 (2004): 295-301. Robin Cornwell señaló la expansión de la idea que sólo hay ateos en las trincheras. Los religiosos compran seguro de salud, usan asientos de coche para sus hijos, y esperan que los demás se comporten como si no hubiera protección divina en esta vida. Si estás en el ejército o conoces a alguien que está, considera La Asociación Militar de Ateos y Librepensadores, www.militaryatheists.org.

Nuestra dificultad para entender evolución está muy bien captada en la lectura de Daniel Dennett "La Naturaleza Humana y las Creencias", El Festival de Darwin, Cambridge University, 8 de julio de 2009. Puede encontrarse fácilmente en una búsqueda en Google. El usa la analogía de las computadoras, las cuales pueden hacer cálculos complejos sin comprender las matemáticas. No estamos familiarizados con competencia sin comprensión. La selección natural nos ofrece hermosos diseños sin ningún diseñador experto, razones sin un razonador. La capacidad de comprender es un resultado reciente del proceso evolutivo.

La imagen "Ojo de dios" parece tener vida propia como una figura religiosa. A partir del 2003 y reapareciendo esporádicamente después de eso, la imagen "se difundió como un virus" a través de las cadenas de correo electrónico, como se observó en el sitio de la red que desenmascara el engaño-desprestigio -Snopes.com.

Uno de esos emails, indicados en el sitio, se lee: "Esta foto es muy rara, tomada por la NASA. Se le llama el Ojo de dios. Este tipo de evento ocurre una vez en 3000 años. Esta foto ha hecho milagros en muchas vidas. Haz un deseo. . . . haz mirado dentro del ojo de dios. Seguramente verás cambios en tu vida dentro de un día. Lo creas o no, no te quedes con este email. Pasa ésto por lo menos a 7 personas".

Según Snopes.com, "la foto es una imagen real de la Nebulosa de Hélix, aunque técnicamente no es una foto, sino una imagen compuesta tomada por el telescopio orbital Hubble de la NASA y un telescopio basado en la tierra". El sitio en la red sigue: "La nebulosa de Helix no aparece naturalmente con los colores mostrados. . . . El tinte de la imagen es artificial. La imagen denominada "ojo de dios" es un título creado por un admirador de la foto. . . no algo designado por la NASA, además la nebulosa es visible todo el tiempo, no sólo "una vez cada tres mil años".

La designación espontánea de una fotografía compuesta de una nebulosa mejorada artificialmente como el ojo de una deidad ilustra poderosamente la necesidad y la habilidad de la humanidad de crear dioses.

Capítulo 7

Una búsqueda rápida en la red traerá a lectores interesados descripciones completas del trabajo de Stanley Milgram y hasta vídeos de los experimentos recientes que replican sus hallazgos.

Ha ocurrido una revolución en la psicología y la neurociencia cognitiva de la moralidad. Uno de los mejores lugares para empezar a aprender acerca de este tema es la página de Jonathan Haidt y sus muchos escritos sobre la moral, "Moralidad: Una Revisión Comprensiva de la psicología moral", un capítulo que escribió para el *Manual de Psicología Social,* es una visión magnífica que traerá al lector interesado a los debates actuales. Para una visión concisa de su síntesis, lee "La Nueva Síntesis en la Psicología Moral" de Haidt, *Science* 316 (2007): 998-1002.

Para un análisis fascinante de la moralidad animal, véase Marc Bekoff y Jessica Pierce, *Justicia Salvaje: Vidas Morales de los Animales* (Chicago: University of Chicago Press, 2009).

La noción antigua que la ciencia y los científicos no tienen nada que decir acerca de la moralidad y los valores morales es arrojada por la borda por uno de mis héroes, Sam Harris. En su último libro, *El Paisaje Moral: Cómo la Ciencia Puede Determinar los Valores Humanos* (Nueva York: Free Press, 2010), él sostiene que la ciencia, los científicos y la neurociencia son fundamentales para dar forma a la moralidad humana en todas sus dimensiones.

El trabajo con los niños pequeños por Paul Bloom y su grupo de Yale es simplemente maravilloso. Véase su libro titulado *Bebé de Descartes: Cómo la Ciencia del Desarrollo Infantil Explica qué los Hace Humanos* (Nueva York: Basic Books, 2004). Sus experimentos ingeniosos, que descubren sistemas inferenciales morales en los niños a partir de los tres meses de edad, son ciencia psicológica en pleno apogeo. Para una introducción divertida véase el artículo de Bloom titulado "La Vida Moral de los Bebés," *Nueva York Times Magazine*, 5 de mayo de 2010. Robert Sapolsky, el neurocientífico de Stanford, tiene un ensayo interesante el 14 de noviembre del 2010, en el *New York Times*, "Este es tu Cerebro en Metáforas", que establece cómo nuestras emociones morales se basan en reacciones de animales arcaicos. La misma zona de nuestro cerebro se ilumina así estemos comiendo alimentos fétidos, comidas que huelen horrible, pensando en comida asquerosa, o pensando en alguna escoria que robó a una viuda.

La dinámica del terrorismo suicida y en particular la importancia de la psicología de parentesco para reclutar se puede encontrar en el excepcional "Génesis del Terrorismo Suicida" de Scott Atran, *Ciencia* 299 (2003): 1534-1539.

Richard Sosis describe la importancia de la costosa señalización del ritual religioso en "El valor adaptativo del Ritual Religioso ", *American Scientist* 92 (2004): 166-172.

Capítulo 8

El Libro de Barbara Ehrenreich, *Bailando en las calles: Una historia de Alegría Colectiva* (New York: Henry Holt, 2006) es un deleite informativo. Ella piensa que una de las funciones originales de la danza era ahuyentar a los depredadores de la noche. Un comentario provocativo es su observación que tenemos muchas pinturas rupestres de grupos en danza y ritual, pero aún no tenemos las primeras pinturas de sólo dos personas hablando entre ellos.

Uno de mis favoritos neurocientíficos es Barry Jacobs del departamento de psicología de la Universidad de Princeton. Una buena introducción a la serotonina es su "Serotonina, Actividad Motora y Trastornos Relacionados con la Depresión", *American Scientist* 82 (1994): 456-463. Para un lector curioso, los libros de Stephen Stahl son una introducción excelente a la neuroquímica y psicofarmacología. Están configurados de modo que el lector puede conectar las ilustraciones, las cuales comienzan con los fundamentos de la neuroquímica y te llevan a través de los medicamentos utilizados para tratar la mente. *La Psicofarmacología Esencial: Bases Pseudocientíficas y Aplicaciones Prácticas*, de Stahl. 3ª ed. (Nueva York: Cambridge University Press, 2008).

El trabajo reciente que demostró cómo la predisposición religiosa aumentó el castigo del comportamiento desleal hecho por Ryan McKay, Charles Efferson, Harvey Whitehouse y Ernst Fehr, "La ira de Dios: Aprendizaje Religioso y Castigo" *Actas de la Sociedad Real* B, Noviembre 24, 2010, http://rspb.royalsocietypublishing.org/content/early/2010/11/17/rspb.2010.2125.abstract? Papetoc.

Maurice Apprey, el psicoanalista nacido y criado en Africa, nos contó la siguiente historia: "El señor Coleman, director de nuestra iglesia Metodista en Saltpond, Ghana, Africa Occidental, también fue nuestro organista. Con consternación y con horror se acercó y reprendió a mis compañeros de escuela secundaria Metodista durante el recreo por corear y rodear un árbol con la siguiente advertencia: "¡Deténganse muchachos! ¿No saben que así es cómo los dioses son creados?" Los muchachos se quedaron atónitos, intrigados y divertidos al mismo tiempo por el verdadero potencial de poder crear un dios a través de un juego en torno a un árbol".

Rodney Needham, "Percusión y Transición", *Man* 2 (1967): 606-614.

Nicholas Wade, *En el Instinto de la Fe: Cómo la religión Evolucionó y Por Qué Perdura* (Nueva York: Penguin Press, 2009), discute la similitud entre las tres religiones del Kung San, los isleños de Andaman, y los aborígenes australianos así como su origen común cercano a nuestros primeros ancestros en Africa. Aunque estoy en desacuerdo con su opinión que la religión es una adaptación de grupo seleccionado, estoy en deuda con él. Al leer su descripción sobre las religiones basadas en la canción, el baile y el trance, como activan la conexión entre la religión en la primera etapa y cómo nuestros antepasados aprovecharon nuestra neuroquímica para cementar las religiones en sus cerebros. Robin Dunbar "Creemos", *New Scientist* 189 (2006): 30-33, destacó la relación de las endorfinas con la naturaleza físicamente agotadora de los rituales religiosos. Mi visión es un intento más amplio para vincular las endorfinas, la oxitocina y los neurotransmisores de monoamina a los orígenes de la religión.

La revisión de Daniel Dennett de *La Creación de Lo Sagrado: Pistas de Biología en las Primeras Religiones* titulado "Evaluando a Grace: ¿Qué Bien Evolucionario es Dios?" de Walter Burkett, *Ciencias* (Enero-Febrero 1997): 39-44, tiene una descripción excelente de la estrategia mensajero-simple.

Para el debate acerca de la música como subproducto o adaptación sexualmente seleccionada, véase *Cómo Funciona la Mente* de Pinker; *El Apareamiento de la Mente: Como la Opción Sexual Moldeó la Evolución de la Naturaleza Humana* de Geoffrey Miller (Nueva York: Doubleday, 2000), y *Es Este tu Cerebro en Musica: La Ciencia de una Obsesión Humana* de Daniel Levitin (New York: Dutton, 2006).

Scott Wiltermuth y Chip Heath publicaron experimentos interesantes sobre la sincronía y la cooperación en la cual los sujetos no tienen que hacer ejercicio físico intenso para aumentar los sentimientos de cooperación, sino que sólo tienen que moverse en sincronía. Véase "Sincronía y Cooperación," *Psychological Science* 20 (2009): 1-5. El grupo de Robin Dunbar ideó el experimento con remadores que muestran que el esfuerzo de grupo, con la producción de trabajo controlado, aumenta las endorfinas y los niveles de dolor. Emma E. A. Cohen, Robin Ejsmond-Frey, Nicola Knight, y R.I.M, "Alto: Los Remadores Extraordinarios: El Comportamiento Sincronizado se Correlaciona con Limites de *Dolor Elevado*" de Dunbar, *Biology Letters*, 2009, http://rsbl.royalsocietypublishing.org/content/6/1/106.full.

James Coan era un colega, miembro de la facultad de la Universidad de Virginia, quien hizo el ingenioso experimento en el cual las mujeres se hacen escaneos cerebrales bajo un escenario de amenaza, sucesivamente sin tomarse las manos, de la mano de un extraño, y tomando la mano de un compañero. James A. Coan, Hillary S. Schaefer, y Richard J. Davidson, "Dando una mano: Reglamento Social de la Respuesta Neural para Tratar", la revista *Psychological Science* 17 (2006): 1032-1039. Benedicto Carey escribió un bello artículo en el *New York Times* del 22 de febrero de 2010, "La Evidencia de que los Detalles Pequeños Significan Tanto", resume algo de la investigación sobre el punto de contacto y su impacto.

He tenido el privilegio de trabajar con la antropóloga Helen Fisher, cuya investigación ha disecado la neuro-anatomía del amor. Nuestro trabajo sobre los efectos secundarios sexuales antidepresivos estimuladores de serotonina resumen la neurobiología del deseo sexual y el amor romántico, "Lujuria, Romance, Conexión: ¿Los efectos secundarios sexuales antidepresivos estimuladores de serotonina ponen en peligro el amor romántico, el matrimonio y la fertilidad?" *Neurociencia Evolucionista Cognitiva*, ed. Steven Platek (Cambridge, MA: MIT Press 2006).

Los comentarios del difunto Jeque Yassin sobre las mujeres terroristas suicidas se puede ver en el documental de Barbara Victor, Las Mujeres Terroristas Suicidas, disponibles en su sitio Web, y está en su libro, *Ejército de Rosas: Dentro del Mundo de las Mujeres Palestinas Terroristas Suicidas* (Emmaus, PA: Rodale, 2003).

Mi amiga Robin Cornwell señala que las monjas también son "Novias de Cristo" distinguidas exclusivamente por su amor. Otra imagen del matrimonio es la de Cristo como novio de la Iglesia. En la Canción de Canciones, la imagen del matrimonio se dice que es el amor de Dios por Israel y, por supuesto, el amor conyugal entre dos personas de carne y hueso. Cada cristiana es, en cierto sentido, la novia de Cristo. Incluso los hombres pueden calificar. El Cristianismo parece haber sancionado el matrimonio del mismo sexo por un tiempo muy largo.

El concepto de inversión paternal fue elaborado por el brillante biólogo Robert Trivers, ya señalado aquí por su concepto de autoengaño, en "La inversión paternal y selección sexual", en *La Selección Sexual y el Descenso del Hombre, 1871-1971*, ed. Bernard Campbell, 136-179 (Chicago, IL: Aldine, 1972).

Para más información sobre la obra de Julia Sweeney, disponible ahora en DVD, ver www.juliasweeney.com/letting_go_mini/.

A pesar de la opresión de las mujeres por la religión, ¿por qué aguantan a menudo y transmiten la servidumbre de la fe? Véase Robin Cornwell "Por qué las mujeres están destinadas a la Religión: Una Perspectiva Evolutiva", http://richarddawkins.net/articles/3609.

El estudio del 2009 de los estudiantes universitarios de Arizona que muestra que los sentimientos religiosos aumentan como parte de la competencia sexual entre los mismos sexos fue hecho por el grupo de Douglas Kenrick. Yexin J. Li, Adam B. Cohen, Jason Weeden, y T. Douglas Kenrick, "Competencia por parejas Aumenta las Creencias Religiosas", *Revista de Psicología Experimental Social* 46 (2010): 428-431.

Capítulo 9

Lone Frank, el neurobiólogo y periodista danés, tiene un libro subestimado titulado *Campo Minado: Cómo la Ciencia del Cerebro Está Cambiando Nuestro Mundo* (Oxford: One World Publications, 2009). Su capítulo excelente sobre la neurociencia cognitiva de la religión contiene una descripción vívida de su visita al laboratorio de Michael Persinger y su propia experiencia en el "Casco de dios".

Mi análisis de Michael Persinger y Andrew Newberg está tomado de L. S. St-Pierre y Michael A. Persinger, "La Facilitación Experimental de la Presencia Detectada se Predice por Patrones Específicos de Campos Magnéticos Aplicados No por Sugestibilidad: Re-Análisis de 19 experimentos", *International Journal of Neuroscience* 116 (2006): 1079-1096:

Michael A. Persinger, "¿Están nuestros cerebros estructurados para evitar refutaciones sobre la creencia en dios? Un estudio experimental", *Religión* 39 (2009): 34-42, Andrew Newberg y Mark Robert Waldman, *Cómo Dios Cambia tu Cerebro* (New York: Random House, 2009); Sharon Begley, "La Religión y El Cerebro", *Newsweek,* 07 de Mayo, 2001; Jack Hitt, "Este es tu Cerebro sobre Dios", *Wired 7*, no. 11 (Noviembre de 1999), y Constanza Holden, "Las Lenguas en la Mente", *Science NOW*, 2 de Noviembre del 2006.

Al final de su artículo del 2009, el Dr. Persinger nos re-cuerda, "Que una creencia en 'algún tipo' de dios tiene una función adaptativa nunca ha sido examinada por el método científico. La suposición frecuente de que la afiliación con una miríada de organizaciones religiosas, cada uno pretendiendo acceder exclusivamente la validez de esta creencia, es bene-ficiosa para la humanidad nunca se ha verificado. La historia humana ha estado repleta con casos de gente que ha sido marginada, excluida, subyugada, o simplemente asesinada porque no creen en el mismo dios. Hasta que los procesos de las vías neurocognitivas y neuroanatómicas múltiples pueden ser aisladas, comprendidas y controladas, la creencia en dios debe ser considerada como la fuente de los comportamientos humanos potencialmente peligrosos".

El estudio de neuroimagen de Kapogiannis y los colegas de creyentes y no creyentes normales es de, Dimitrios Kapogiannis, Aron K. Barbey, Michael Do, Giovanna Zamboni, Frank Krueger, y Jordan Grafman, "Los Fundamentos Cognitivos y Neuronales de la Creencia Religiosa», *Actas de la Academia Nacional de Ciencias* 106 (2009): 4876-4881. El estudio es un triunfo de la ciencia sobre la política. Viene de los Institutos Nacionales de Salud durante los últimos años de la administración conservadora y religiosa de George W. Bush. Uno se pregunta si hubieran sido publicados si la elección presidencial del 2008 hubiese tenido un resultado diferente.

Sam Harris, cuyos libros *El Fin de la Fe, Carta a una Nación Cristiana*, y *El Paisaje Moral*, ha ganado una atención muy merecida como un elocuente adversario de la religión, también es un neurocientífico. Su trabajo de imagen neural de los creyentes y los no creyentes se publicó en el 2009.

Sam Harris, Jonas T. Kaplan, Ashley Curiel, Susan Y. Bookheimer, Marco Jacoboni, y Mark S. Cohen, "Lo Neural Correlaciona la Creencia Religiosa y No Religiosa", *PLoS One* 4, no. 10: e7272.

Medio Ambiente, piedad y parásitos: Otros dos trabajos científicos interesantes se han sumado a la literatura sobre la religión y efecto de la religión en la humanidad de una ma-nera que previamente tal vez no hubiese sido considerado. En un vistazo en el 2005, a datos transculturales antropológicos en bruto, Robert M. Sapolsky, un profesor de biología y neurología en Stanford, extrajo información que muestra que las ideas religiosas en realidad pueden ser moldeadas por la geografía y la ecología. Históricamente, los habitantes de los bosques lluviosos, con abundante naturaleza alrededor tendían a ser politeístas, creían en espíritus basados en la naturaleza y era menos probable asumir que los dioses intervenían en sus vidas. Los habitantes del desierto, que viven en un ambiente duro, monótono, e implacable, eran más propensos a creer en un solo dios, a veces duro, misógino, intervencionista. Por diversas razones, fue el dios de los habitantes del desierto el que fue transmitido a gran parte de la humanidad. Véase *Monkeyluv: Y Otros Ensayos Sobre Nuestras Vidas Como Animales* (Nueva York: Scribner, 2005).

Un estudio realizado el 2008 en la Universidad de Nuevo México demostró que las enfermedades infecciosas, específicamente los organismos que son transmitidos entre seres humanos en comparación con aquellos que se contraen de los animales, influyen la religiosidad de la gente. En pocas palabras, la religión puede ser peligrosa para la salud. ¿Por qué? Las religiones promueven el colectivismo -yo y lo mío contra ti y lo tuyo. Aquellas áreas del mundo que tienen el mayor número de enfermedades infecciosas de humano a humano son las más religiosas. L. Corey Fincher y Randy Thornhill, "Socialidad Selectiva, Dispersión Limitada, Enfermedades Infecciosas y Génesis del Modelo Global de la Diversidad de la Religión", *Proceedings of the Royal Soviet* B 275 (2008): 2587-2594.

El que nuestros cerebros son éticos por diseño viene del Ensayo de Josué Greene, "Moscas de frutas de la Mente Moral", en *Qué es lo Próximo que Viene: Despachos Sobre el Futuro de la Ciencia*, ed. Max Brockman.

Capítulo 10

Matthew Chapman, tátara-tátara-nieto de Charles Darwin, escribió relatos muy personales del Juicio de Scopes, *Ensayos del Mono: Un Memoria Accidental* (New York: Picador, 2000) y el Juicio de Dover, *40 Días y 40 Noches* (Nueva York: Harper Collins, 2007).

Kenneth Miller, biólogo de la Universidad de Brown y autor de textos, testificó en el juicio de Dover:

P.   ¿Es la evolución antirreligiosa?

R.   Desde luego no lo creo, y dediqué un libro completo para argumentar porque no creí que lo fuera.

P.   No es que algunos científicos invocan la evolución en sus argumentos para decir que, de hecho, la ciencia y la evolución son anti-religiosas, es eso anti-Dios?

R.   Sí, lo hacen. Desde luego puedo pensar en un sin número de ejemplos específicos de distinguidos biólogos evolutivos como Richard Dawkins o filósofos como Daniel Dennett o William Paley que han escrito acerca de la evolución. Pero como he dicho antes, es muy importante tener en cuenta que toda palabra que sale de la boca de un científico no es necesariamente ciencia. Y cada palabra que uno dice sobre el significado o la importancia de la teoría de la evolución no es necesariamente científica. Por ejemplo, Richard Dawkins, ha sido elocuente al decir que para él, el entendimiento de la vida y el origen de las especies tiene una causa material que lo libera de la necesidad de creer en un ser divino. Yo no sé si he sido tan elocuente como Richard Dawkins, pero he trabajado muy duro a mi manera para decir que para mí, la idea que estamos unidos en una gran cadena de ser con cada otro ser viviente en este planeta confirma mi fe en un propósito divino y en un plan divino y significa que cuando voy a la iglesia el domingo, le doy las gracias al creador por esta tierra maravillosa y abundante y por el proceso de evolución que dio origen a tal belleza y a tal diversidad que nos rodea. Esos son mis convicciones, de la misma manera que las de Dawkins son las de él. Pero no estoy hablando científicamente, y no estoy hablando como científico, y esa es, creo la distinción crítica.

P. ¿Así que usted escribió un libro entero explorando esta intersección entre ciencia y fe?

R. Eso es correcto. . . . Ahora, yo estoy muy seguro, pero sin duda reconozco que mis puntos de vista sobre esto no son ciencia y no son científicos. Mi co-autor, Joseph Levine, quien además es una persona religiosa, tengo que decir, tiene puntos de vista diferentes sobre la fe, pertenece a una fe diferente, y sigue una tradición religiosa diferente a la mía. Joe y yo tenemos un enorme respeto por la religión. Ambos creemos que la teoría de la evolución es totalmente compatible con nuestras diferentes creencias religiosas, pero también reconocemos que nuestras creencias religiosas no son científicas, que son filosóficas, teológicas y profundamente personales, y, como tal, no pertenecen en un currículo de ciencias, y ciertamente no pertenecen en un libro de ciencia.

El juez John E. Jones III concluye en su decisión en

Kitzmiller versus Dover Area School District, "Los dos acusados y muchos de los principales proponentes del DI [diseño inteligente] hacen una suposición fundamental que es completamente falsa. Su presuposición es que la teoría de la evolución es la antítesis de la creencia en la existencia de un ser supremo y de la religión en general. Varias veces durante este juicio, los expertos científicos de los demandantes testificaron que la teoría de la evolución representa ciencia buena, que es aceptada abrumadoramente por la comunidad científica, y eso de ninguna manera entra en conflicto ni niega, la existencia de un creador divino".

El resumen sucinto de Jerry Coyne sobre la distinción entre ciencia y religión, "En la religión la fe es una virtud; en la ciencia es un mal hábito", viene de "La Ciencia y la Religión no son Amigas", una columna del 11 de octubre de 2010, edición de *USA Today*.

Los fundamentalistas de todos los colores abogan por el crimen, la misoginia, la suspensión de las libertades civiles, las prohibiciones de la investigación médica que salva vidas, y la educación temprana "piadosa" que equivale al abuso de niños. ¿Se despertará algún día el mundo de su larga pesadilla de creencia religiosa? Los fundamentalistas cristianos, los yihadistas, los creacionistas, y todos los teóricos del "diseño inteligente" usan dispositivos electrónicos modernos, sin embargo escogen ignorar la misma ciencia que determina el flujo de los electrones en los teléfonos celulares y computadoras que revela cómo el universo funciona de verdad. La electrónica moderna es parte de la misma ciencia que confirma la selección natural y revela nuestros orígenes y la historia evolutiva desde los primates, monos, simios y los primeros homínidos. No queda lugar para intervención divina, una tierra de 6.000 años o un mundo construido en una semana por un arquitecto divino e ingeniero constructor. Tim Folger, prólogo de *The Best American Science* y *Nature Writing 2004* (New York: Houghton Mifflin, 2004).

Nota del autor

Si este libro te ha interesado en los nuevos debates sobre la religión, disfrutarás todos y cada uno de los siguientes:

www.richarddawkins.net
Ayaan Hirsi Ali, *Infiel* (2007) y *Nomad* (2010)
Richard Dawkins, *El espejismo de Dios* (2006)
Daniel Dennett, *Rompiendo el Hechizo* (2006)
Sam Harris, *El Fin de la Fe* (2004), *Carta a una
    Nación Cristiana* (2006), y *El Paisaje Moral* (2010)
Christopher Hitchens, *Dios No Es Bueno* (2007) y *El
    Ateista Portable* (2007)

GLOSARIO

Los siguientes son los mecanismos principales de la mente que se combinan para darnos la creencia religiosa.

altruismo recíproco. Hoy por ti, mañana por mí.

amor romántico. La gente se enamora de Jesús, o de la deidad que ellos elijen, instando las mismas capacidades mentales que los guio a emparejarse.

apego/aparejarse. Esta, la más básica de las necesidades humanas casi define la premisa de la religión. La religión suplementa o substituye la familia.

canto y baile. Aprovechan nuestra neuroquímica reduciendo el dolor y el miedo y aumentando la confianza, el amor, la autoestima, y la cooperación.

cognición disociada. Esto nos permite llevar a cabo una interacción social compleja en nuestra mente con un otro invisible.

comportamiento ritual. Esto aumenta la cohesión del grupo y prueba quien está comprometido con el grupo.

credibilidad infantil. Todos creemos muy fácilmente, con muy poca evidencia. Los niños son aún más vulnerables, sobre todo cuando alguien con un manto de autoridad es el que les enseña.

deferencia a la autoridad. Somos más deferentes hacia figuras de autoridad que lo que podemos ver o queremos admitirnos a nosotros mismos.

detección de organismos hiperactivos. Esto nos lleva a asumir que las fuerzas desconocidas son agentes humanos. Evolucionó para protegernos. Confundimos una sombra con un ladrón y nunca confundimos un ladrón con una sombra. Fomenta el antropomorfismo.

dualismo mente-cuerpo. Esto nos permite separar la mente del cuerpo y creer en un "alma".

intencionalidad. Esto nos permite especular sobre los pensamientos de los demás acerca de nuestros pensamientos, deseos, creencias e intenciones.

mundos mínimamente contra intuitivos. Esto permite creer en lo supernatural, siempre y cuando no sea demasiado "super" y no viole demasiados los principios básicos de la humanidad.

las neuronas refractoras. Sentimos literalmente el dolor de los demás, esto es innato, la religión no lo inventó. Nacemos preocupándonos por otros.

psicología de parientes. Estamos programados para preferir a nuestros parientes por encima de los otros.

razonamiento intuitivo. Esto nos ayuda a "llenar los espacios en blanco" de la lógica.

razonamiento de precaución. Más vale prevenir que curar.

señalización costosas. Un hombre azotándose la espalda a carne viva debe estar comprometido con su fe y será mi aliado si yo también creo.

sistemas moral-sentimiento. Estos generan nuestras decisiones morales. Son instintivos y automáticos. Debido a que operan en gran parte fuera de la conciencia, las religiones se declaran propietarios de ellos e insisten que solo somos morales con fe.

sueños. Estos son, quizás, la percepción original interpretada como prueba de otro mundo de personas y antepasados.

teleología promiscua. Esto surge de nuestra tendencia a entender el mundo como vida con propósito.

teoría de la mente. Esto nos permite "leer" los posibles pensamientos de los demás", deseos, creencias e intenciones.

transferencia. Podemos aceptar figuras religiosas tan fácilmente como aceptamos las figuras familiares que conocemos desde que nacimos. Transferimos nuestros pensamientos familiares a figuras religiosas.

SOBRE DE LOS AUTORES Y TRADUCTOR

J. Anderson "Andy" Thomson Jr., MD, es un psiquiatra del Centro de Salud Estudiantil y del Instituto de Derecho, Psiquiatría y Política Pública de la Universidad de Virginia, y mantiene una práctica privada para adultos y psiquiatría forense. Se desempeña como miembro del consejo de la Fundación para la Razón y la Ciencia de Richard Dawkins.

Clare Aukofer es una escritora y editora médica en Charlottesville, Virginia.

Richard Dawkins es uno de los científicos más respetados del mundo y una gran atracción en el mundo secular.

Lorena Rios es graduada de la Universidad de Virginia. Ella es una Libre pensadora que trata de "provocar" el libre pensamiento en la comunidad Latina de los Estados Unidos e "influenciar" el resultado de la religiosidad excesiva en la comunidad en general. Ella cree que más libros sobre el tema del ateísmo deben ser traducidos al español para que los parlantes hispanos ejerciten su libre pensamiento educándose a través de estos títulos.